空管维

张强　李华◎主编

西南交通大学出版社
·成都·

图书在版编目（CIP）数据

空管维修工程 / 张强，李华主编. —成都：西南
交通大学出版社，2022.5

ISBN 978-7-5643-8691-7

Ⅰ. ①空… Ⅱ. ①张… ②李… Ⅲ. ①空中管制中心
–设备–维修–教材 Ⅳ. ①V355

中国版本图书馆 CIP 数据核字（2022）第 082754 号

Kongguan Weixiu Gongcheng
空管维修工程

张　强　　李　华　　**主编**

责任编辑	何明飞
封面设计	何东林设计工作室

出版发行	西南交通大学出版社
	（四川省成都市金牛区二环路北一段 111 号
	西南交通大学创新大厦 21 楼）
邮政编码	610031
发行部电话	028-87600564　　028-87600533
网址	http://www.xnjdcbs.com
印刷	四川森林印务有限责任公司

成品尺寸	185 mm × 260 mm
印张	12.75
字数	287 千
版次	2022 年 5 月第 1 版
印次	2022 年 5 月第 1 次
定价	39.00 元
书号	ISBN 978-7-5643-8691-7

课件咨询电话：028-81435775

民航系统有这样一支队伍——航空电信人员（又称通导人员）。民航系统有这样一个技术专业——通信导航监视（简称通导专业）。他们是工作在空管系统或机场系统的空管通信、导航、监视装备的运行、保障、维护、维修人员，他们所保障的空管装备直接关系着空中交通的高效管制、准确指挥和安全运行。

空管装备维修是民航通导专业人员的主要工作，但是长期以来，国内外对空管装备维修的相关科学理论与方法研究甚少，我国也没有形成专门的通导人员培养机制或体系。然而与通导专业工作类型极其相似的民航机务专业已经形成了完备的航空维修学科专一本一硕一博培养体系，科学维修思想与维修理论研究深入，维修管理与效果评估方法完善，人才培训与认证考核机制健全。

中国民用航空飞行学院于 2016 年创办导航工程（081203T）本科专业，该专业定位于培养民航特色鲜明的航空电信人员。编者一直从事该专业必修课程"空管电子设备维修理论与技术"的建设和讲授工作，在此课程的建设过程中引入了大量航空维修和军用装备维修领域的思想、理论、技术和方法，前期也直接选用郑东良先生编著的《航空维修理论》作为教材。正是由于"空管电子设备维修理论与技术"课程教学的迫切需要，编者根据课程团队在空管维修领域教学与科研的心得，综合众多航空维修和军用装备维修领域的研究成果，编撰了此书。在书中，编者试图将航空维修和军用装备维修领域的研究成果引入空管维修领域，试图去给空管维修工程学科下定义，试图去引导民航空管装备维修领域向科学维修迈进，试图引入先进的维修工程科学理论去推动民航通导行业的发展进步。

本书由张强（编写第 1、2、3、6、7 章），李华（编写第 4、5 章）担任主编，研究生伍瀚宇、吉鹏、焦浩博、张强、祁江涛、谢威宇等同学参与了文字编辑、制图、制表等工作，全书由张强负责汇总、审校。

对本书影响最大的著作是郑东良先生编著的《航空维修理论》、段学刚先生编著的《航空电子装备维修概论》和左洪福先生编著的《航空维修工程学》，另外一些优秀著作的思想在书中也有所体现。书中部分地方直接摘录了一些优秀著作的内容，也参考了大量学术论文、国家标准、行业标准、行业公报和其他资料，这些都已在书后参考文献中一一列出。

空管维修工程是一门融合电子信息技术、装备制造、可靠性工程、系统工程、管理科学、材料科学等领域知识的综合性交叉学科，它也可被认为是维修工程学科在民航空管装备维修领域的分支。由于编者水平有限，肯定未能窥得其中全部要义，本次编撰只是力求建立空管维修工程的框架体系、层次结构及主要内容上的合理性。本次编撰过程时间紧、任务重，书中诸多地方难免存在疏漏和不妥，以后会不断完善。希望读者能够给予批评指正，不胜感谢。

编　者

2022 年 3 月

目 录

第**1**章

绪论

空管装备是支撑民航空管系统运行的通信、导航、监视、气象等电子设备的总称，它们是民航空管运行所必需的基本硬件条件，直接关系飞行安全和空管指挥效率。针对空管装备的运行、维护和维修等保障工作形成了民航特有的通导专业，通导专业是与空中交通管制、航空情报、航空气象并列的民航空管系统四大支柱专业之一（空管系统将气象装备的运维人员划入了航空气象专业的范畴）。空管装备的运行保障和维护/维修是民航通导专业的核心工作，本书将借鉴航空维修工程学科的理论体系来介绍空管装备维修工程的相关内容。

1.1 维修及空管维修

1.1.1 维修的概念

广义的维修是维护和修理的简称，而狭义的维修就只是修理。维护是指保持某一事物或状态不消失、不衰竭，相对稳定；修理是指使损坏了的东西恢复到能重新使用，即恢复其原有的功能。"维修"这一专业术语在不同的标准中定义略有差异，如《军事装备维修基本术语》（GJBZ 20365—1996）认为维修是为使装备保持、恢复或改善规定技术状态所进行的全部活动，《可靠性维修性保障性术语》（GJB 451A—2005）认为维修是为使产品保持或恢复规定状态所进行的全部活动，美国军用标准《可靠性和维修性术语的定义》（MIL-STD-721C）认为维修是使产品保持或恢复到规定状态所采取的全部措施。

1.1.2 维修种类

（1）预防性维修（Preventive Maintenance，PM），是指装备或其机件在发生故障之前，通过检查、测试、调整，使装备保持在规定状态所进行的各种维修活动。这些活动的目的是发现并消除潜在故障，防患于未然。预防性维修适用于故障后果危及安全、影响任务完成或导致较大经济损失的情况。

（2）修复性维修（Corrective Maintenance，CM），是指装备或其机件发生故障后，使其恢复到规定状态所进行的维修工作。修复性维修包括故障的定位、隔离、分解、更换、再装、调校、检验、记录以及修复损坏件等。修复性维修因其主要用于难以事先预防的随机故障，因而也叫非计划维修。

（3）改进性维修（Improvement Maintenance，IM），是在装备维修过程中，对装备进行经过批准的技术改进，以提高装备的性能、可靠性、维修性等，或使之适合某一特殊的用途。改进性维修是维修工作的扩展，实质是修改装备的设计。

（4）现场抢修（Rush Repair，RR），是指没有备份系统的重要装备出现故障或重要装备的主系统与备份系统同时出现故障的紧急情况下，必须在装备所在位置开展的现场紧急维修工作。现场抢修需要采用快速诊断与应急修复技术，对装备进行现场修理，使之恢复全部功能或部分必要功能。这种抢修直接关系到装备的使用完好和持续工作能力，虽然也属于修复性维修的范畴，但它的维修环境、条件、时机、深度、要求和所采取的技术措施皆与一般的修复性维修有所差别，因此我们把它看作一种独立的维修类型。

1.1.3 维修方式

维修方式是指装备维修工作的内容及维修时机的选择，它是装备维修的基本形式和方法。这里讨论的维修方式是根据预防性维修所选时机的不同而确定的，一般来说可分为定时、视情、状态监控三种维修方式。

（1）定时维修方式（Hard Time Maintenance，HTM），是以装备或其机件工作时间来确定维修周期，即按照规定时间，不问技术状况如何而有计划进行的维修方式。"规定的时间"可以是规定的间隔期、累计工作时间、日历时间、里程和次数等。定时维修适用于已知寿命分布规律且确有耗损期的装备，这种装备的故障与使用时间有明确的关系，绝大部分情况装备均能工作到预期的时间，以保证定时维修的有效性。定时维修的特点是：便于安排维修工作、组织维修人员和准备物资；但是针对性差，修理工作量较大，经济性较差。

（2）视情维修方式（On Condition Maintenance，OCM），是当装备或其机件有功能故障征兆时即进行拆卸维修的方式。视情维修是基于这样一种事实进行的，即大量的故障不是瞬时发生的，故障发生前，总有一段出现异常现象的时间，且有征兆可寻。因此通过检制、监控等手段掌握装备可靠性变化的情况，只对可能发生功能性故障的部件做必要的预防性维修，就可以达到预防故障发生或避免故障后果的目标，所以也称这种维修方式为预知维修或预兆维修方式。视情维修方式能够有效预防故障，较充分利用机件的工作寿命，减少维修工作量，提高装备使用效益。在视情维修方式的基础上，20世纪90年代以来出现了主动维修、预测维修等新的维修方式。

（3）状态监控维修方式（Condition Monitoring Maintenance，CMM），是在装备或其机件发生故障或出现功能失常现象以后进行拆卸维修的方式，也称为事后维修方式。状态监控维修通过对装备运行状态和技术指标进行连续监控，对统计分析发现的明显不能再继续工作的装备进行拆卸维修，它适用于有可靠状态监控手段、有完整和成熟分析方法的装备。状态监控维修不规定装备的使用时间，因此能最充分地利用装备寿命，使维修工作量减少到最低，是最为经济的一种维修方式。

1.1.4　空管维修的内涵

空管维修的内涵有广义和狭义之分。广义空管维修的工作内容即是民航通导专业的全部工作内容，包括空管装备的运行保障、维护、巡检、修理、校飞、台站规划、台站建设、无线电管理等。狭义的空管维修仅指装备的运行保障、维护、巡检、修理、校飞五项。本书中的空管维修主要指狭义的空管维修，并且重点关注的是空管装备的维护与修理。

1.2　维修思想及其发展

维修思想是指人们对装备维修的目的、对象、维修人员以及维修活动的总体认识。本书以航空器维修为例介绍维修思想的产生和发展脉络。航空维修思想是对维修本质的理性认识和对维修实践的科学反映，是维修客观规律的集中呈现。维修思想来源于维修实践又指导维修实践，它的发展是随着科技水平发展而发展的，它一方面建立在当时所维修的装备、维修人员的技术水平、维修手段和维修条件等客观基础上，另一方面作为航空科学的重要组成部分又推动着航空科学技术的发展和维修实践不断深化。

纵观航空维修的百年发展历程，航空维修思想的发展是一个由浅入深、由简单实践

向系统理论演化的过程，具有代表性的航空维修思想主要有以预防为主的维修思想、以可靠性为中心的维修思想和全系统、全寿命的维修思想。当前，随着以信息科学为核心的高新技术的迅猛发展及其在航空装备领域应用越来越广泛、越来越深入，航空维修领域涌现出以主动维修、全员生产维修、绿色维修等为代表的维修新思想。

1.2.1 以预防为主的维修思想

在 20 世纪 30 年代以前，航空装备的维修受到飞机复杂程度及故障后果的影响，一般参照地面装备维修的模式采用事后维修思想，即在装备发生了故障以后才进行维修。虽然事后维修思想对于简单装备比较适用，也取得了较好的效果，但是随着科学技术的进步，装备机械化程度不断提高，系统结构日益复杂，装备故障发展成为十分突出的问题。到在 20 世纪 50 年代初，维修研究领域相关学者和工程师们对故障规律的认识逐步深化为"机件要工作，工作必磨损，磨损出故障，故障危及安全"，由此产生并运用以预防为主的维修思想。

以预防为主的维修思想的基本依据是预防维修与使用可靠性之间存在着因果关系，即认为装备的每个机件的可靠性都与使用时间是相关联的，存在一个可以找到并且在使用中不得超越的翻修时限。在维修实践中，这种思想主要表现为对装备的定时维修，并普遍认为不论机件大小，都必须进行定时维修，维修间隔期越短，翻修得越彻底，分解得越细，不出现故障的可能性就越大，维修工作做得越多，装备就越可靠。

以预防为主是早期航空维修的基本思想，即要求进行全面定时检修和定时翻修，并定时更换装备的零部件或元器件，特别是更换某些具有一定寿命的零部件或元器件。在装备结构简单、可靠性水平不高、电子设备少的情况下，贯彻以预防为主的维修思想，对减少装备故障、提高装备完好率起到了重要作用。尽管这种维修思想在预防故障、减少严重安全事故等方面发挥了很好的作用，但是随着航空装备的复杂化，它会带来维修费用高、维修工作量大等问题，因此迫切需要新的维修思想来更好地指导维修实践，推动航空维修事业持续向前发展。

1.2.2 以可靠性为中心的维修思想

20 世纪 50 年代末，随着航空装备的复杂化和维修实践研究的深入，人们逐渐认识到：有些类型的故障，不论做多少工作，仍然是难以预防的；某些装备过分强调定时维修，大拆大卸，反而会诱发更多的人为故障。正是上述因素，迫使航空业界对传统的以预防为主的维修思想进行再思考。与此同时，航空维修领域内外环境的发展变化，也为新的维修思想诞生提供了良好的环境条件。一是随着科学技术的进步，航空装备设计水平不断提高，多冗余度设计与应用日益增多，一套部件发生故障可以迅速用备用部件替换；二是可靠性理论和可靠性工程技术的发展，航空装备的可靠性、维修性不断提高；三是装备的机械化、自动化、电子化和信息化等技术发展迅速，先进的检测仪器被广泛采用，很多离位工作让位于原位检测；四是随着航空维修实践的丰富和深入，通过引入系统工程、数理统计等理论方法，加强维修信息资料的统计分析，能够更科学地掌握设备使用的故障规律。航空维修领域这一系列内外部环境的变化催生了以可靠性为中心的维修（Reliability Centered Maintenance，RCM）思想。

以可靠性为中心的维修思想诞生于 20 世纪 60 年代的美国民航界，于 60 年代末首次被应用于制定波音 747 飞机的维修大纲并取得成功。20 世纪 70 年代后期，RCM 引起美国军方的重视；到 20 世纪 80 年代中期，美国陆、海、空三军分别颁布了应用 RCM 的标准，几乎所有的重要军事装备的预防性维修大纲都是应用 RCM 方法制定的。我国空军于 1979 年首先引入 RCM 理念，并在 1983 年正式确立了以可靠性为中心的维修思想。

RCM 思想是以可靠性理论为基础，认为航空维修的出发点和落脚点是装备的可靠性，通过对影响可靠性因素的具体分析、科学地制定维修内容、优选维修时机、准备划分维修类型等工作，从而有效保持或恢复航空装备的固有可靠性。RCM 思想是对航空维修客观规律认识的深化，体现了积极主动的维修思想，是在以预防为主维修思想的基础之上发展起来的，它充分考虑了装备的可靠性、维修性和经济性，能更好地反映维修的客观规律并指导维修实践。

RCM 思想的主要特点如下：

（1）更客观地明确维修目的。维修的目的：在闲时以最小的代价、更快捷地保持或恢复装备的固有可靠性与安全性；在战时采取应急措施以最快的速度使装备恢复使用，发挥其功效。装备的固有可靠性是由设计确立的、通过制造来实现的，是装备在所使用条件下能达到的可靠性的最高水平，因而通过维修只能提升使用可靠性并防止固有可靠性的降低，再优良的维修也只能使装备接近或达到它本身的固有可靠性水平。所以，维修越多，并不一定越可靠，而且维修不当还可能造成装备可靠性下降。

（2）更符合维修实际。针对装备不同的故障规律，分别采取不同的维修方式、维修时机和维修工作类型等维修活动。对于有耗损性故障规律的装备或部件，进行定时拆修或更换；对于可能造成严重安全后果的故障，要进行预防维修；对于无耗损性故障规律的装备或部件，主要进行视情维修。

（3）更合理地确定预防性维修工作。预防性维修工作类型按所需资源和技术要求，由低到高排序为保养、操作人员监控、使用检查、功能检测、定时维修、定时报废、综合工作 7 种类型。根据故障后果，通过对维修工作"技术可行"和"值得做"的综合分析，选择适用而有效的工作类型，从而在保证可靠性与安全性的前提下，既提高了维修保障效率，又节省了维修资源和费用。

（4）加强维修信息的收集与管理。可靠性作为航空维修的出发点和落脚点，必须建立一个完善的可靠性信息收集与管理网络系统，及时收集和处理航空装备使用信息、故障信息和保障信息，有效监控设备的可靠性变化，为维修优化和装备改进提供必要的信息技术支持。

以可靠性为中心的维修思想，大大增强了维修的科学性、有效性，有效减少了维修负荷，改善了维修的综合效益，目前已被世界各国用于航空装备预防性维修大纲的制定。

1.2.3　全系统、全寿命的维修思想

随着以信息科学为核心的高新技术的飞速发展及其在航空装备领域的广泛应用，航空装备功能综合、系统交联，航空维修的系统性、整体性要求显著提高，为保证航空装备战斗力、保障力的有效生成和持续提高，必须改变传统的静态、孤立的航空维修观念，把航空维修作为一个整体和总任务系统的一个子系统，从航空装备发展和使用保障的角度，从系统工程和全过程管理的角度来综合分析影响航空维修的各种因素，即建立起全系统、全寿命维修思想。全系统、全寿命维修思想的内涵分析如下。

（1）全系统。一方面，航空维修是由维修人员、维修对象、维修手段、维修体制、维修制度等诸多要素组成的系统，必须科学地分析系统内部各要素之间的关系和系统与外部其他系统之间的相互联系，全面权衡航空装备的维修性与战术技术性能之间的联系，从而保证装备"先天"就具有良好的维修特性。另一方面，航空维修系统的形成又是过程作用的结果，必须从设计入手，在装备研制的同时统筹规划维修保障的有关要素（如维修人员、设施、设备、器材、技术资料和相关软件等），科学预测维修需求，统一规划和建立维修体制，制定维修制度等，力求在装备部署使用的同时就建立起配套的维修保障系统，安全、可靠、高效地保证航空装备的任务使用。

（2）全寿命。航空维修是航空装备系统管理的有机组成部分，航空维修应贯穿航空装备寿命周期全过程，以航空装备任务使用需求为牵引，认真做好航空装备从论证到退役、报废等各阶段的所有维修活动，既要注重"优生"，又要扎实做好"优育"。在论证阶段，要确定装备的可靠性、维修性、保障性等要求，规划出相应的维修保障方案；在研制阶段，要制定适用于生产维修保障系统的一整套维修保障规划，通过研制提供经过选择的各项维修资源；在生产阶段，要同步制造出维修保障所需要的各种维修保障资源；在使用阶段，则要在装备部署使用的同时，建立健全的维修保障系统，适时进行装备维修，最大限度地保持和恢复航空装备的固有可靠性和安全性；在使用的同时，收集并分析装备可靠性、维修性以及维修保障的数据资料，向有关部门提供维修性改进设计的建议，必要时还应对维修保障系统进行调整；在退役阶段，则应适时调整、撤并相关维修保障系统。

（3）全费用。全费用是指重要装备在其预计的有效寿命期内，在设计、研制、生产、使用、维护和后勤保障方面已经或将要承担的、直接或间接的、经常性或一次性的费用以及其他有关的费用的总和。全费用管理，是从全系统、全寿命来实施航空装备管理的一种系统管理方法，是从系统的角度，对航空装备寿命周期过程中不同阶段、不同类别的费用进行识别、量化和评价，以建立费用间的相互关系和确定各类别费用对总费用的影响，从而为航空装备的费用设计和经济性决策提供依据，指导和改进航空维修管理，在航空装备寿命周期过程以最经济的资源消耗完成航空维修使命。全费用维修管理，反映了航空装备使用和维修保障费用管理的客观需求。①全费用管理改变了传统的维修是一种消耗性活动的偏见，维修也是一种高回报的投资；②全费用管理指出了寿命周期费用的先天性，即寿命全费用管理必须从设计入手；③全费用管理树立了费用管理的系统

观，只有从全系统、全寿命的角度对航空装备的使用和维修保障费用进行系统规划和科学管理，在装备决策论证和研制阶段就综合考虑维修问题，降低航空装备在使用阶段的维修保障费用，使所研制的航空装备不仅能买得起，而且能养得起、养得好。

全系统、全寿命维修思想，是航空维修经验和实践的概括与升华，是航空装备发展和使用的客观要求，是现代科学技术和先进理论在航空维修领域综合运用的结果，是对航空维修规律认识的进一步深化。全系统、全寿命维修思想，以使用需求为牵引，综合考虑航空装备的可靠性、维修性、保障性和经济性，注重运用系统理论和科学方法来认识维修的客观规律，注重从系统和发展的角度来规划维修工作，更加注重航空维修的科学性、有效性和针对性，因而可以更科学、更深刻地反映新时期航空维修的客观规律，更好地指导维修实践，是航空维修思想发展演进的一个新阶段，也是航空维修由经验维修向科学维修迈进的一个里程碑。

1.2.4 维修思想的新发展

1. 全员生产维修思想

全员生产维修（Total Production Maintenance，TPM）诞生于 20 世纪 70 年代，是日本在美国生产维修的基础上，吸收了英国综合工程学和我国鞍钢宪法群众路线的思想而逐渐发展起来的一种设备维修管理模式。全员生产维修在中国已推广应用多年，并在工业企业设备管理中发挥了良好作用，将其引入航空领域后对航空维修活动的生产管理起到了非常积极的推动作用。日本设备工程协会对全员生产维修所下的定义如下：

（1）以提高设备综合效率为目的。

（2）建立以设备寿命周期过程为对象的生产维修系统，确保寿命周期内无公害、无污染、安全生产。

（3）设备的规划、使用和维修等所有部门都要参加。

（4）从企业领导到生产一线工人全体参加。

（5）开展以小组为单位的自主活动，推进生产维修。

这五个方面，实际上也是 TPM 的五要素。

综合来看，全员生产维修主要包括两个方面：一是定义和运用"设备综合效率"的概念；二是按时间折算设备的总费用和对寿命周期费用的影响程度，并扩展到所有相关活动中，其目标是追求费用的降低，并调动组织成员参与管理的积极性。

2. 全面计划质量维修思想

全面计划质量维修（Total Planning Quality Maintenance，TPQM）于 1989 年在美国被提出，是一种以设备寿命周期内的可靠性、有效利用率和经济性为总目标的维修技术和资源管理体系。TPQM 是一种维修管理的新理念，它的主要内涵：维修范围的全面性，对维修职能做全面的要求；维修过程的系统性，提出一套发挥维修职能的质量标准和过程管理体系；维修技术的基础性，根据维修与保障工程的原则，以维修技术为工作的基础。TPQM 与 TPM 虽然有着相似的总目标，但侧重点有所不同。TPQM 更强调质量过程、

质量规定和维修职能的发挥，其重点在于选择最佳维修策略，然后有效地应用这些策略使设备达到高标准的质量、安全、可靠性、有效利用率和经济的资源管理等目标。

TPQM 提出基于综合管理的维修职能 10 项要素（图 1-1），并强调对这些要素实行综合的、一体化的、整体性的管理。也就是说，其中一个要素改变了，其他相应要素也应随之变化，以保持过程的整体性。

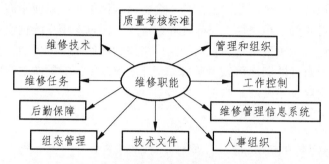

图 1-1　TPQM 维修职能的 10 项要素

（1）工作控制。对工作计划、进度安排和具体实施过程加以控制。

（2）管理与组织。建立合理的组织机构并确定相应的职责。

（3）质量考核标准。整个维修过程及各项要素均制定有明确的质量考核标准，并严格执行与管理。

（4）维修技术。维修人员应能保证正确地使用维修工具、执行维修工艺，准确地评价维修计划执行的效果。

（5）维修任务。把需要执行的预防性维修、改进性维修、恢复性维修和闲置设备维护等任务的范围、频次和责任者均做出明确规定。

（6）后勤保障。对保障维修的后勤项目做出明确规定和有效管理，包括零件修理、专用工具、测试设备、技术工人、计算机软硬件等。

（7）组态管理。依据设备实际状况、功能特性、技术文件等做出综合性的管理。

（8）技术文件。把图纸、技术说明书、合同、程序等与维修活动有关的技术文件加以有效管理。

（9）人事组织。保证维修人员在培训后能够掌握维修任务中规定的各项要求。

（10）维修管理信息系统。将计划与调度、设备跟踪与记录、维修效果与质量标准的评估报告等维修相关信息纳入计算机信息系统进行管理。

3. 主动维修思想

主动维修（Proactive Maintenance，PAM）是 20 世纪 90 年代由美国学者在以可靠性为中心的维修、视情维修等现代维修理论的基础上首先提出的。2002 年，欧洲维修联盟（EFNMS）第 16 次会议曾将主动维修作为会议主题。主动维修具有三个方面的作用：① 解决装备反复出现的故障；② 重新设计并安排现有的维修活动；③ 增加少量的、易于支配的、效率高的资金投入，便可大量减少装备总的维修费用。美国海军已采用主动维修并称之为"具有生命力的以可靠性为中心的维修"。

主动维修的提法在航空维修领域早已有之，传统的预防性维修就体现了主动维修的思想，但传统的维修是根据故障征兆，事先开展维修活动，防止故障的发生，其重点是预防故障的发生。以可靠性为中心的维修思想，也提出了开展主动性的维修工作。与传统维修不同，以可靠性为中心的维修思想是从装备的可靠性出发，根据故障后果的严重程度来确定合理的维修工作，其重点在于保持系统正常的功能，防止严重故障后果的出现，而不是预防故障。这两者都可以被称为反应型维修，前者是对故障的反应，后者是对装备功能的反应。随着科学技术的发展，装备越来越趋于大型化、综合化、复杂化，特别是对于航空装备这种结构复杂、费用昂贵、社会影响大的系统，一旦出现故障，如果不能及时恢复，将可能造成不可估量的严重后果，因此在 20 世纪 90 年代出现了有别于前述两者的，被称为主动维修的维修新理念。

主动维修的概念有广义和狭义之分，一般认为狭义的主动维修概念才是对主动维修比较科学的认识。广义主动维修的概念是 1997 年由著名的 RCM 专家 John Moubray 在其著作《以可靠性为中心的维修》中提出的。他认为主动性维修是为了防止设备达到故障状态，而在故障发生前所采取的工作，因此将定期恢复、定期报废和视情维修都归属为主动性维修，认为这些工作均是在故障发生前进行的主动性工作，这些主动性维修不仅预防故障本身，更重要的是避免故障后果。狭义主动维修的概念是液压系统设计专家 E. C. Fitch 于 1992 年在其著作《机械系统的主动维修》中提出的。他在该著作中详细论述了主动维修的概念、原理和技术，认为这种维修在理论和实践上都具有重要的意义，并定义了故障根源（Boot Causes of Failure）的概念，指出了故障根源的种类（材料变形、超常液体污染、液体泄漏、液体化学不稳定、液体物理不稳定、液体气蚀、液体温度不稳定、严重磨损等），认为通过对可能引起装备产生故障的"故障根源"进行系统化的识别，在系统性能和材料退化之前采取措施进行维修，可以有效地减少系统整体的维修需求，并延长系统的使用寿命。

传统维修活动开展的依据主要有两类：一是根据故障征兆，二是根据预先制定的时间表。而主动维修是着眼于故障根源而不是耗损或功能异常的征兆开展维修活动，其目的在于最大限度地发挥好装备功能和延长装备的有效使用寿命。因此，所谓主动维修，就是针对可能引起设备产生故障的故障源而采取的维修措施和管理活动。主动维修采用先进的维修技术或更改设计的方法，通过消除或控制故障产生的条件，从根源上对故障进行预防，如检查和严格控制液压或润滑油质、充氮、干燥剂、密封等都是力图消除或控制故障产生的条件。主动维修就如同在人身体中的任何症状出现之前能查明和消除疾病一样，强调从根源上预防故障，维持正常功能和延长寿命。由此可见，主动维修的前提是要及时全面地掌握装备的技术状态，因此对监测技术的应用提出了更高的要求，同时需要从新的角度、更高的层次上来理解装备维修。

4. 绿色维修思想

为了保护地球环境，1992 年联合国环境与发展大会将环境与发展问题结合起来，将可持续发展（即低消耗、低污染、适度消费的模式）作为全人类生存和发展的新模式，并赋予一个形象的名字——绿色。我国为了履行实施可持续发展战略的承诺，提出了清洁生产的构想，绿色维修（Green Maintenance，GM）就是在这样的背景下提出来的。

传统的维修过程，由于没有充分考虑装备在维修过程中的环境污染、资源损耗等因素，容易带来资源大量浪费和环境严重污染等问题，甚至对人体造成伤害，如焊接过程中产生的弧光、电焊烟尘、金属气体、氰化氢、氮氢化合物、臭氧、一氧化碳、噪声等。绿色维修是实现装备维修可持续发展的关键技术和科学理念，是 20 世纪 80 年代以来国际上掀起的绿色浪潮在维修领域的具体体现。可持续发展是一种新的社会发展观，是目前世界各国、各行各业包括国防工业都应遵循的发展战略，已形成了世界性的绿色浪潮。

与预防性维修、RCM 维修不同，绿色维修是综合考虑资源利用率和环境影响的现代维修模式，其目标不仅包括达到、保持和恢复装备规定的功能状态，而且还包括满足可持续发展的要求。绿色维修要实现保持或恢复装备固有技术状态和可持续发展的双重目标：既要在维修过程中最大限度地使装备保持和恢复到规定的功能状态，又要尽可能使维修产生的废弃物和有害排放物最少；既要争取对环境的负面影响最小，对维修者和使用者进行充分的劳动保护，还要使成本代价最低、资源利用率最高。绿色维修是可持续发展和清洁生产模式在维修领域的具体体现，是现代维修的可持续发展模式。

1.3　维修工程学

1.3.1　维修工程学概述

20 世纪 50 年代以来，维修工程随着军用装备的发展及其技术上的复杂化应运而生，并在 60 年代后得到迅速发展。由于论证分析有关维修的设计要求，确定维修保障方案，建立保障系统，是用户特别关心的问题，从 60 年代开始逐渐形成与可靠性工程、维修性工程并列，而与维修技术学科相区别的维修工程学科。

维修工程学（Maintenance Engineering）是研究工程系统维修思想、维修要求、维修策略、维修计划、维修保障系统的建立及其运行规律的学科。维修工程学既是一门关于维修的工程技术科学，也是一门关于系统工程的理论科学。按照系统工程的观点，维修工程学既要研究工程系统全寿命周期所有维修任务的规划、设计、管理、控制和评估等概念系统范畴的问题，也要研究为了实现上述概念而建立的维修保障系统的功能、要素、相互关系、建立和运行方法等实体系统范畴的问题，同时还要研究工程系统本身与维修工程之间的相互影响、协调权衡等相互作用。因此，维修工程学也可以表述为，运用系统工程思想和全系统、全寿命过程观点，采用工程技术科学的方法，制定并优化全寿命维修方案，规划维修保障系统，权衡工程系统的使用与维修特性要求，使之具有匹配和协调的维修与保障设计特性，并对维修保障进行宏观管理与控制，以确保工程系统能获得及时、有效且经济的维修服务。作为一门学科，维修工程学定义中的要点如下：

（1）研究的对象是工程系统的维修任务，研究的范围涉及维修活动的规划、维修保障系统的设计、维修决策与管理，以及工程系统本身与维修有关的设计特性（如可靠性、维修性、测试性、保障性等）和要求。这里的工程系统是指由若干相互作用和相互联系的复杂工程组成的系统，属于人造系统，如航空器、民航通导设备、武器装备等。

（2）研究的时域贯穿工程系统的全生命周期，包括工程系统的论证、研制、使用、维修直至退役；研究的空域包括工程系统的整体、局部和基本结构。

（3）研究的直接目的是优化工程系统的设计特性、维修方案和维修保障系统，使维修及时、有效且经济。

虽然维修工程学和维修活动的最终目的与目标是一致的，即以相对低的维修成本保持工程系统的完好率，但是二者有本质的区别。维修工程学是关于系统分析和方法论的，而不是具体的维修活动。维修工程学不是研究具体维修作业的维修技术，也不是研究具体设计、验证方法的设计科学，而是关于维修任务的规划与管理、维修保障系统的设计与控制的工程技术科学。

1.3.2 维修工程学相关概念

1. 维修要求（Maintenance Requirements）

维修包括安全和经济两个方面的目标。安全目标体现在：维修可以持续保持装备使用的安全性和可靠性；经济目标则体现在：科学维修可以提高装备的利用率，可以使装备保持或延长使用寿命。同时，维修还要求装备以最低的全寿命周期运行成本达到安全和经济目标。

装备的维修目标要转化成设计指标、维修方案和维修保障系统要求才能得以实现。这些由维修目标分解出来的指标和要求，统称为维修要求。维修要求是为了能够有效且方便地对产品进行维修而对装备规划设计、维修与保障等所提出的要求，是设计、使用、维修、成本和效率等多种因素的综合权衡结果，也是维修工程学要实现的具体要求和指标。

维修对装备设计的总体要求来源于使用要求，通常要通过分解、转化成详细的维修保障性和可靠性要求，才能在装备设计中加以贯彻，形成装备面向维修保障的质量属性。

2. 维修策略（Maintenance Strategy）

策略是根据形势发展而制定的行动方针。维修策略是针对装备劣化情况而制定的维修方针，包括劣化评估依据、维修决策行动、行动执行计划三方面内容。

（1）劣化评估依据，主要包括寿命、状态和故障，用于评估产品的劣化情况。

① 寿命。产品统计寿命即为可靠性寿命，一般用累计疲劳时间或日历时间来描述。

② 状态。产品实际运行状态，一般用观测状态，即产品运行时的各种"二次效应"，如振动信号、磨损颗粒、性能参数和功能参数等来描述。

③ 故障。这是故障发生后的描述，如使用困难报告、故障检测报告和停机现象等。

（2）维修决策行动，实际上就是在决策点对产品施加的作用，包括维修措施及其预期效果。实际维修工作中一般采取的维修措施包括润滑保养、操作检查、检查（一般目视检查、详细目视检查、特殊详细检查)、功能检查、修理、更换和改进设计等多种形式。预期效果主要是产品功能、性能、可靠性的保持水平或恢复程度,主要分成以下 3 种程度(图 1-2)。

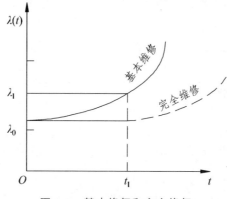

图 1-2　基本修复和完全修复

① 基本维修或最小维修。产品修复后瞬间的故障率与故障前瞬间的故障率相同。

② 完全维修。产品修复后瞬间的故障率与新产品刚投入使用时的故障率相同,即修复如新。

③ 中度维修。产品修复后瞬间的故障率介于基本修复和完全修复之间。

另外,还有改进性维修和更换维修等,改进性维修后产品功能或性能会得到增强,更换维修会增加产品的早期故障率和维修差错导致的故障率。

(3)行动执行计划,主要指维修与更换时间周期的安排。

一个有效的维修策略可以减少产品运营过程中的停机次数,保持或恢复系统可靠性,减少故障出现的次数,降低劣化带来的维修费用,即以尽可能低的维修费用使产品保持或恢复到最合适的系统可靠性、可用度和安全性能。

目前,主要的维修策略包括定时、视情、主动等预防性维修策略和事后维修策略、改进性维修策略等。

3. 维修思想与维修方案(Maintenance Concept and Maintenance Program)

维修思想,又称维修原理、维修理念或维修哲学,这些思想和哲学是制定具体的维修大纲、程序和策略的理论基础。一个完整的维修思想应该是结构化、客户化的,它通常包括确定维修目标、所需资源、重要维修项目、故障模式及影响分析、维修策略、参数优化以及相关的应用评估与反馈修改等过程。维修方案是维修思想的最终表现,是运用维修思想进行系统、全面的维修任务分析、规划和设计而产生的具体结果。

在军事装备领域,主要采用"以可靠性为中心的维修"思想。RCM 起源于航空业,是国内外军方制定航空器维修大纲的指导思想。当然,RCM 也在航空界以外的其他工业领域中得到了广泛应用。军事装备维修方案也称维修保障方案,是从总体上对装备维修保障工作的概要性说明,是关于装备维修保障的总体规划。其内容包括维修类型(如计划维修、非计划维修）、维修原则、维修级别划分及其任务、维修策略、预计的主要维修资源和维修活动约束条件等。

民用航空器主要采用维修指导小组（Maintenance Steering Group，MSG）维修思想，这是 FAA（美国联邦航空管理局）维修指导小组的思想，它是当前世界各国民航业界公认的制定民用飞机维修大纲的指导思想。MSG 思想是以 RCM 思想为基础建立起来的，它是 RCM 思想在民航业应用的更具有针对性的细化与深化。民用飞机维修方案是对维修对象全寿命、全系统维修任务的统筹安排，包括计划维修项目、维修时机、维修工作和维修工时等。

1.4 空管维修工程发展现状

1.4.1 民航通导专业现状

民航通导专业从业者被称为民用航空电信人员，简称电信人员，是空管通信、导航、监视等电子设备运行保障、维护、巡检、修理、校飞等工作的具体执行者，原则上所有通导人员都应通过民用航空电信人员执照考核并持照上岗。截止到 2020 年年底，中国民航航空电信持照人员总数为 9719 人，空管装备维修全行业从业人员预计超过 2 万人（包括已在民航通导行业就业的未取证人员、民航空管装备研发及运维配套企业的相关人员、航空气象装备的运维人员、空管维修研究学界的相关人员等）。民航通导专业人员主要集中在空管局系统和地方机场集团的通导业务部门，空管局系统占持照人员总数的67%以上。

通导专业负责空管装备的运行保障工作，直接关系飞行安全和空管运行效率，有着不可替代的重要地位。虽然通导专业是与空中交通管制、航空情报、航空气象并列的民航空管系统四大支柱专业之一，但是与空中交通管制等专业相比，其受重视程度还有较大的差距。与通导专业工作类型极其相似的民航机务专业已经形成了完备的航空维修学科专—本—硕—博培养体系，维修思想与维修理论研究深入，维修管理与效果评估方法完善，人才培训与认证考核机制健全。然而通导专业还没有形成明确的学科体系，相关维修思想的研究与贯彻也还远远不够，维修管理方法与效果评估手段的应用还比较少，因此通导专业在维修思想、维修要求、维修策略、维修计划、保障系统、管理方法等学科建设方面还有非常大的研究与发展空间。

1.4.2 空管维修工程的定义

空管维修工程是根据维修工程学的学科体系来定义、研究、构建民航通导专业的学科体系，可以认为通导专业是维修工程学在民航空管装备维修方面的具体应用与实践。空管维修工程不是指传统意义上具体设备的维护管理和维修技术，而一门融合电子信息技术、装备制造、可靠性工程、系统工程、管理科学、材料科学等专业知识的综合性交叉学科，它是超越传统意义维修的一个专业、一门科学、一个新的交叉学科理论体系。

空管维修工程是研究空管装备维修思想、维修要求、维修策略、维修计划、维修管理、维修安全、维修保障系统的建立及其运行规律的学科。换言之，运用系统工程思想和全系统、全寿命过程观点，采用工程技术科学的方法，制订并优化空管装备全寿命维修计划，规划维修保障系统，权衡空管装备的使用与维修特性要求，使装备具有匹配和协调的维修与保障设计特性，并对维修保障进行宏观管理与控制，以确保空管装备能获得及时、有效且经济的维修服务。具体研究内容包括：① 空管装备全寿命周期所有维修任务的规划、设计、管理、控制和评估等概念系统范畴的问题；② 实现上述概念而建立的维修保障系统的功能、要素、相互关系、建立和运行方法等实体系统范畴的问题；③ 空管装备本身与维修工程之间的相互影响、协调权衡等相互作用。

空管维修工程学的使命是完善民航通导专业的学科体系，推动空管装备维修行业向前发展，增强航空电信人员从业者的荣誉感和使命感，助力民航空管装备的国产化战略，提升空管系统的运行效率和经济效益，确保民航空管系统的持续安全。

思考题

1. 简述维修的概念、维修种类、维修方式。
2. 维修思想的发展脉络是怎样的？
3. 请分析主动维修、传统维修、RCM 三者的差异。
4. 简述 RCM 和 MSG 的关系。
5. 什么是空管维修工程，它的使命是什么？

第 2 章

装备六性

　　装备具有可靠性、维修性、测试性、保障性、安全性和环境适应性六项固有属性，它们是由装备的设计和制造过程赋予的，统称为装备六性。装备六性直接或间接与故障密切相关，是开展空管装备故障特性和维修工程客观规律研究的基础，因此掌握装备六性的基本知识是空管装备维修的重要前提和基础保障，也是推进空管装备科学维修深入发展的基本要求。

2.1 可靠性

2.1.1 可靠性概述

1. 可靠性的基本概念

可靠性理论发展的历程中，学者们从不同的角度对其进行了不同的定义。从工程角度出发，可靠性（Reliability）可直观定义为"产品无故障完成任务的能力"。从统计学角度出发，可靠性的概率度量被称为可靠度。1957 年，美国电子设备可靠性咨询组（AGREE）发表的报告中把可靠性定义为"在规定的时同和给定的条件下，无故障完成规定功能的概率"，即可靠度。20 世纪 90 年代以来，可靠性的概念又有了新的发展。1991 年，美国国防部指令 DoD15000.2《国防采办管理政策和程序》把可靠性定义为"系统及其组成部分在无故障、无退化或不要求保障系统的情况下执行其功能的能力"。

可靠性的经典定义是我国国军标 GJB 451A—2005 给出的，即"产品在规定的条件下和规定的时间内，完成规定功能的能力"。产品：作为单独研究和分别试验对象的任何元件、设备或系统，可以是零件、部件，也可以是由它们装配而成的机器，或由许多机器组成的机组和成套设备，甚至还把人的作用也包括在内。规定条件：一般是使用条件、环境条件，包括应力温度、湿度、尘砂、腐蚀等，也包括操作技术、维修方法等条件。规定时间：可靠性区别于产品其他质量属性的重要特征，一般也可认为可靠性是产品功能在时间上的稳定程度。因此以数学形式表示的可靠性各个特征量都是时间的函数。这里的时间概念不限于一般的年、月、日、分、秒，也可以是与时间成比例的次数、距离，如应力循环次数、飞机航程等。规定功能：要明确具体产品的功能是什么，怎样才算是完成规定功能。产品丧失规定功能称为失效，对可修复产品通常也称为故障。怎样才算是失效或故障，有时很容易判定，但更多情况则很难判定。当产品是一颗螺栓时，显然螺栓断裂就是失效；当产品指的是某个设备，对于某个零件损坏而该设备仍能完成规定功能就不能算失效或故障，有时虽有某些零件损坏或松脱，但在规定的时间内可容易地修复也可不算是失效或故障。如果产品指的是某个具有明确性能指标要求的设备，当性能下降到规定的指标后，虽然仍能继续运转，但是已经应该算作是失效或故障。能力：只定性地理解是比较抽象的，为了衡量检验，后面将加上定量描述。产品的失效或故障均具有偶然性，一个产品在某段时间内的工作情况并不能很好地反映该产品可靠性的高低，而应该观察大量该种产品的工作情况，并进行合理的处理后才能正确地反映该产品的可靠性，因此对能力的定量需用概率和数理统计的方法。

按产品可靠性的形成过程不同，可靠性可分为固有可靠性和使用可靠性。固有可靠性是产品在设计、制造过程中赋予的，是产品的一种固有特性，也是产品的研发者可以控制的。而使用可靠性则是产品在实际使用过程中表现出来的一种性能保持能力的特性，它除了考虑固有可靠性的影响因素之外，还要考虑产品安装、操作使用和维修保障等方面因素的影响。产品可靠性还可以分为基本可靠性和任务可靠性。基本可靠性是产品在规定条件下无故障的持续时间或概率，它反映产品对维修人力的要求。因此在评定产品基本可靠性时应统计产品的所有寿命单位和所有故障，而不局限于发生在任务期间的故障，也不局限于是否危及任务成功的故障。任务可靠性是产品在规定的任务剖面内完成规定功能的能力。评定产品任务可靠性时仅考虑在任务期间发生的影响完成任务的故障。因此，要明确任务故障的判据，提高任务可靠性可采用冗余或代替工作模式，不过这将增加产品的复杂性，从而降低基本可靠性，所以设计时要在两者之间进行权衡。

随着信息技术在装备中的广泛应用，由于软件不可靠造成的故障损失越来越大，所以软件可靠性逐渐引起人们的重视。软件可靠性是指软件在规定的条件下、规定的时间内不引起系统故障的能力。软件可靠性的定义虽然与硬件可靠性相似，但软件与硬件故障的机理存在明显差异，因此通常把软件可靠性单独罗列出来分析研究。

2. 可靠性工程发展概况

可靠性的概念萌芽于 20 世纪 40 年代，是随着航空装备的复杂化而逐渐发展起来的。第二次世界大战期间，首先在 V-1 火箭研制过程中得到应用，并随着各种复杂电子设备的应用及其可靠性问题的研究解决而得到不断发展。

20 世纪 50 年代，可靠性发展成为一门独立的学科。1951 年，美国航空无线电公司（ARINC）开始了最早的一个可靠性改进计划。1952 年，美国国防部成立了一个由军方、工业部门和学术界组成的电子设备可靠性咨询组（AGREE）。1955 年，AGREE 开始实施一个从设计、试验、生产到交付、储存和使用的全面可靠性发展计划。AGREE 于 1957 年发表了《电子设备可靠性》的研究报告，该报告从 9 个方面阐述了可靠性设计、试验及管理的程序与方法，确定了美国可靠性工程发展的方向，成为可靠性发展的奠基性文件，该报告标志着可靠性成为一门独立的工程学科。

20 世纪 60 年代是可靠性工程全面发展的阶段，可靠性工程理论和方法已发展成为一套较完善的可靠性设计、试验和管理标准。可靠性分配及预计、故障模式及影响分析和故障树分析、余度设计、可靠性鉴定试验、验收试验和老炼试验、可靠性评审等可靠性工程理论和方法逐渐在一些重大装备研制中得到应用，并取得了良好效果。在 60 年代，学者们开始研究维修性，维修性和可靠性成为姐妹学科，并得到迅速发展。

20 世纪 70 年代是可靠性发展步入成熟的阶段，这一阶段的主要特点是建立集中统一的可靠性管理机构，负责组织、协调国防部范围内的可靠性政策、标准、手册和重大研究课题；成立全国性的数据交换网，加强政府机构与工业部门之间的技术信息交流；制定出一套较完善的可靠性设计、试验及管理的方法及程序，F-16、F/A-18 等三代战机的成功研制是该阶段可靠性工作成果的集中体现。在 70 年代，学者们还提出测试性的概念，在航空电子设备中开始采用先进的 BIT（机内自检）技术。

20 世纪 80 年代，可靠性工程向着更深、更广的方向发展。当时，三代战机出现了严重的保障问题，使飞机的战备完好性降低（40%～50%），使用和保障费用大幅增加（约占整个寿命周期费用的 60%），保障性引起军方的重视，因此可靠性、维修性作为保障性的基础得到进一步加强。在发展策略上，把可靠性、维修性和保障性作为提高武器装备战斗力的重要工具，使可靠性置于与武器装备性能、费用和进度同等重要的地位。在管理上，加强集中统一管理，强调可靠性及维修性管理的制度化。1980年，美国国防部首次颁发可靠性及维修性指令 DoDD5000.40《可靠性及维修性》。1985年，美国空军推行了"可靠性及维修性 2000 年行动计划"。在技术上，深入开展软件可靠性、机械可靠性以及光电器件可靠性和微电子器件可靠性等的研究，全面推广计算机辅助设计技术在可靠性领域的应用，积极采用模块化、综合化、容错设计、光导纤维和超高速集成电路等新技术来全面提高现代武器系统的可靠性。海湾战争中，F-16、F-15 等战机较高的战备完好率表明该时期美军的可靠性工作是成功的。

20 世纪 90 年代以来，经济的可承受性得到强调。在 F-35 战机研制过程中，美军把 RMS（可靠性、维修性和保障性）作为降低全寿命周期费用的重要工具，推行将费用作为独立变量的方针，重视 RMS 综合化、自动化、智能化和军民两用化，广泛采用建模与仿真技术、虚拟现实技术、现代信息技术、人工智能技术、微观分析技术和可靠性强化试验技术，确保了这些飞机的 RMS 水平得到全面提高，大大降低了飞机的研制费用及全寿命周期费用。

目前，国外可靠性工程技术已从定性走向定量，产生了大量的计算机辅助可靠性设计、分析与评估工具及高效的可靠性试验方法，实现了与装备性能的一体化论证、设计、分析与试验，使得装备的可靠性、维修性、测试性水平大幅度提高。

3. 我国的可靠性工程发展现状

我国可靠性工程技术的研究起源于 20 世纪 60 年代，经过近 60 年的发展，在航空、航天、军工电子等领域都取得了巨大进步。我国在载人航天、探月工程、北斗导航、新一代战斗机、军用大型运输机/预警机等领域的成功也证明了我国在可靠性工程领域走在了世界的前列。目前，我国的北京航空航天大学、哈尔滨工程大学等知名高校均开设有飞行器质量与可靠性工程本科专业，涉及航空、航天和军工电子的传统理工高校和国防科技大学、空军工程大学等军工院校均有可靠性相关的硕士和博士学位授权点，相对完善的可靠性工程人才培养体系已在我国建立。在可靠性研究方面比较知名的研究机构有北京航空航天大学可靠性工程研究所、中国赛宝实验室、哈尔滨工业大学电器与电子可靠性研究所、清华大学质量与可靠性研究院、电子科技大学可靠性工程研究所等。虽然我国已经在可靠性工程领域取得巨大成就，但是作为未来顶级装备产业的核心技术，我国在可靠性设计方法、原创理论、产品应用领域、监督与管理水平、评价手段等方面与美国相比还有很大的发展空间。

2.1.2　可靠性的量度

用可靠性来衡量产品指标，过去只能定性地分析，即采用可靠性是"好"还是"不好"这样模糊的标准，而没有定量的概念，自从可靠性工程诞生以后，将可靠性量化，就可以对各种产品的可靠性提出统一而明确的要求。

可靠性的基本工作是和故障作斗争，可靠性的研究也是从产品本身的故障入手的，而故障的发生带有偶然性。对某一装备而言，到某个时间为止，它可能已经发生了故障，也可能还没有发生故障，这种在一定条件下可能发生也可能不发生的事件称为随机事件。由于故障的发生具有随机性的特点，所以可靠性的量化常用概率或者随机变量来描述。

产品可分为可修复产品和不可修复产品两大类。可修复产品是指通过修复性维修能恢复到规定状态且值得修复的产品，不可修复产品是指通过修复性维修不能恢复到规定状态或不值得修复的产品。绝大多数民航装备或部件都属于可修复产品，它们在使用过程中都是可以修复或者通过更换新的零部件而完全恢复原来的使用性能。可修复产品的可靠性常用的量度有可靠度函数、故障分布函数、故障分布密度函数、故障率函数、可靠性参数等。

1. 可靠度函数

（1）定义。产品在规定的时间内和规定的条件下，完成规定功能的概率称为产品的可靠度函数，简称可靠度，记为 $R(t)$。

假设规定的时间为 t，产品在规定的条件下的寿命为 T，只有 $T>t$ 的产品才能完成规定功能，而 $T>t$ 是一个随机事件，则

$$R(t) = P\{T > t\} \tag{2-1}$$

显然，这个概率值越大，表明产品在 t 时间内完成规定功能的能力越强，产品越可靠。

（2）$R(t)$ 的性质。

① $0 \leqslant R(t) \leqslant 1$。

② $R(0)=1$，表示产品开始工作时完全可靠，$R(\infty)=0$，表示产品最终都会发生故障。

③ $R(t)$ 是非增函数，表示随着使用时间的增加产品的可靠性会降低。

（3）$R(t)$ 的估计。由数理统计知识可知，当统计的同类产品数量较大时，概率可以用频率进行估计。假如 $t=0$ 时 N 件产品开始工作，到 t 时刻有 $N_f(t)$ 个产品故障，还有 $N_s(t)$ 个产品继续工作，则频率为

$$R^*(t) = \frac{N_s(t)}{N} = \frac{N - N_f(t)}{N} = 1 - \frac{N_f(t)}{N} \tag{2-2}$$

式（2-2）可以用来作为时刻 t 的可靠度的近似值，称为经验可靠度或可靠度的统计值。

（4）任务可靠度。$R(t)$ 是从零时刻算起的，而在实际使用中，人们关心的是飞机、发动机或机件在执行任务过程（如一次飞行、一个起落）中某一段工作时间的可靠度，即已经工作了时间 t，再继续工作一段时间 Δt 的可靠度，则称从 t 时刻工作到 $t + \Delta t$ 时刻的条件可靠度为任务可靠度，记为 $R(t + \Delta t \mid t)$。由条件概率公式，有

$$R(t + \Delta t \mid t) = P\{T > t + \Delta t \mid T > t\} = \frac{R(t + \Delta t)}{R(t)} \tag{2-3}$$

则

$$R(t+\Delta t\,|\,t)=\frac{R(t+\Delta t)}{R(t)} \tag{2-4}$$

经验任务可靠度为

$$R^{*}(t+\Delta t\,|\,t)=\frac{R^{*}(t+\Delta t)}{R^{*}(t)}=\frac{N_{s}(t+\Delta t)}{N_{s}(t)} \tag{2-5}$$

2. 故障分布函数

（1）定义。产品在规定的时间内和规定的条件下，丧失规定功能（即发生故障）的概率，称为产品的故障分布函数（或不可靠度），也常被称为累积故障分布函数或累积失效概率函数，记为 $F(t)$，设产品寿命为 T，规定时间为 t，则

$$F(t)=P\{T\leqslant t\} \tag{2-6}$$

式中 $F(t)$ ——在规定条件下，产品寿命不超过 t 的概率。

（2）$F(t)$ 的性质。

① $0\leqslant F(t)\leqslant 1$。

② $F(0)=0$，表示产品未使用时故障数为零，$F(\infty)=1$，表示产品最终全部发生故障。

③ $F(t)$ 是非减函数。当产品工作时间增加时，其故障数不可能减少，只可能不改变或者增加，因此是非减函数。

从上述分析可看出，$R(t)$ 和 $F(t)$ 是两个对立事件的概率，则有

$$R(t)+F(t)=1 \tag{2-7}$$

$R(t)$ 和 $F(t)$ 随时间 t 的变化关系如图 2-1 所示。

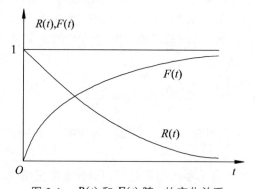

图 2-1 $R(t)$ 和 $F(t)$ 随 t 的变化关系

（3）$F(t)$ 的估计。

$$F^{*}(t)=\frac{N_{f}(t)}{N}=\frac{N-N_{s}(t)}{N}=1-\frac{N_{s}(t)}{N} \tag{2-8}$$

3. 故障分布密度函数

（1）定义。在规定条件下使用的产品，在时刻 t 后一个单位时间内发生故障的概率称

为产品在时刻 t 的故障分布密度函数，也常被称为失效概率密度函数，记为 $f(t)$，则

$$f(t) = \lim_{\Delta t \to 0} \frac{P\{t < T \leq t + \Delta t\}}{\Delta t}$$

$$= \lim_{\Delta t \to 0} \frac{P\{T \leq t + \Delta t\} - P\{T \leq t\}}{\Delta t} \qquad (2\text{-}9)$$

$$= \lim_{\Delta t \to 0} \frac{F\{t + \Delta t\} - F(t)}{\Delta t} = F'(t)$$

式中　$P\{t < T \leq t + \Delta t\}$——产品在区间（$t$，$t + \Delta t$）发生故障的概率。

（2）$f(t)$ 的性质。具有一般密度函数的性质：$\int_0^{+\infty} f(t)\mathrm{d}t = 1$，即归一性；$f(t) \geq 0$，即非负性。

（3）$f(t)$ 的估计。显然也可用频率变化率来估计，即在时刻 t 后一个单位时间内的故障数与总数之比，可近似表示为

$$f^*(t) = \frac{N_\mathrm{f}(t + \Delta t) - N_\mathrm{f}(t)}{N} \times \frac{1}{\Delta t} = \frac{\Delta N_\mathrm{f}(t)}{N} \times \frac{1}{\Delta t} \qquad (2\text{-}10)$$

式中　$\Delta N_\mathrm{f}(t)$——t 到 $t + \Delta t$ 时间段内的故障数。

$f(t)$ 与 $R(t)$、$F(t)$ 之间的关系如图 2-2 所示，图中曲线 $f(t)$ 与横坐标之间的总面积为 1，即 $\int_0^{+\infty} f(t)\mathrm{d}t = 1$。因为 $F(t) = \int_0^t f(t)\mathrm{d}t$，所以有

$$R(t) = 1 - \int_0^t f(t)\mathrm{d}t = \int_t^\infty f(t)\mathrm{d}t \qquad (2\text{-}11)$$

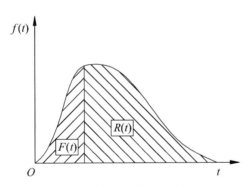

图 2-2　$f(t)$ 与 $R(t)$、$F(t)$ 的关系

4. 故障率函数

（1）定义。在时刻 t 正常工作着的产品，在其后 $t + \Delta t$ 的单位时间内发生故障的条件概率称为产品在时刻 t 的瞬时故障率函数，简称故障率函数或故障率，也常被称为失效率函数或失效率，记为 $\lambda(t)$。它的含义为，如果产品工作到 t 时刻还没有发生故障，那么该产品在随后单位时间内发生故障的概率即为故障率。

设 T 为产品在规定条件下的寿命，t 为规定时间，则 "$T > t$" 表示事件 "产品已经工作到时刻 t" 且从未发生过故障。"$t < T \leq t + \Delta t$" 表示事件 "产品在区间（$t, t + \Delta t$）内发

生故障"。于是产品工作到时刻 t 后，在（$t, t+\Delta t$）内发生故障的概率为

$$P\{t < T \leqslant t + \Delta t \,|\, T > t\} \tag{2-12}$$

式（2-12）除以 Δt 后，就得到产品在（$t, t+\Delta t$）内的平均故障率，当 $\Delta t \to 0$ 时，就得到产品在 t 时刻的瞬时故障率，即

$$\lambda(t) = \lim_{\Delta t \to 0} \frac{P\{t < T \leqslant t + \Delta t \,|\, T > t\}}{\Delta t} \tag{2-13}$$

由条件概率公式，得

$$
\begin{aligned}
\lambda(t) &= \lim_{\Delta t \to 0} \frac{P\{t < T \leqslant t + \Delta t\}}{P\{T > t\}} \times \frac{1}{\Delta t} \\
&= \lim_{\Delta t \to 0} \frac{P\{t \leqslant t + \Delta t\} - P\{T \leqslant t\}}{P\{T > t\}} \times \frac{1}{\Delta t} \\
&= \lim_{\Delta t \to 0} \frac{1}{\Delta t} \frac{P\{T \leqslant t + \Delta t\} - P\{T \leqslant t\}}{1 - P\{T \leqslant t\}} \\
&= \frac{F'(t)}{R(t)} \\
&= \frac{f(t)}{R(t)}
\end{aligned} \tag{2-14}
$$

故障率是可靠性工程中的一个非常重要的概念，在实践中，它又是产品的一个重要参数，故障率越小，其可靠性越高；反之，故障率越大，可靠性就越差。电子组件就是按故障率大小来评价其质量等级的，一般电子组件可分为商业级、工业级、军工级、宇航级四个质量等级。

（2）$\lambda(t)$ 的估计。假设在时刻 $t=0$ 时有 N 个产品开始工作，到时刻 t 有 $N_f(t)$ 个产品发生了故障，这时还有 $N_s(t)$ 个产品还在继续工作。为了研究产品在时刻 t 后的故障情况，再观察 Δt 时间，如果在 t 到 Δt 时间内又有 $\Delta N_f(t)$ 个产品故障，那么在时刻 t 尚未发生故障的 $N_s(t)$ 个产品继续工作，在 $t+\Delta t$ 内发生故障的频率为

$$\frac{\Delta N_f(t)}{N_s(t)} = \frac{\text{在时间}(t, t+\Delta t)\text{内故障的产品数}}{\text{在时刻 } t \text{ 仍在工作的产品数}}$$

则工作到时刻 t 的产品在单位时间内发生故障的频率为

$$\lambda^*(t) = \frac{\Delta N_f(t)}{N_s(t)} \times \frac{1}{\Delta t} = \frac{N_f(t + \Delta t) - N_f(t)}{N - N_f(t)} \times \frac{1}{\Delta t} \tag{2-15}$$

（3）$\lambda(t)$ 与 $R(t)$、$F(t)$ 和 $f(t)$ 的关系如图 2-3 所示。根据 $R(t)$、$F(t)$ 及 $f(t)$ 之间的关系，进一步可推得

$$\lambda(t) = \frac{F'(t)}{R(t)} = \frac{f(t)}{R(t)} = -\frac{R'(t)}{R(t)} \tag{2-16}$$

由式（2-14），若已知产品的 $R(t)$、$F(t)$ 或 $f(t)$，则可求出 $\lambda(t)$。

$$R(t) = \mathrm{e}^{-\int_0^t \lambda(t)\mathrm{d}t} \qquad\qquad (2\text{-}17)$$

同理

$$F(t) = 1 - R(t) = 1 - \mathrm{e}^{-\int_0^t \lambda(t)\mathrm{d}t} \qquad\qquad (2\text{-}18)$$

$$f(t) = F'(t) = \lambda(t)\mathrm{e}^{-\int_0^t \lambda(t)\mathrm{d}t} \qquad\qquad (2\text{-}19)$$

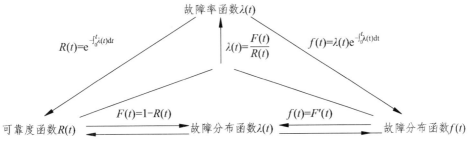

图 2-3　$\lambda(t)$ 与 $R(t)$、$F(t)$ 和 $f(t)$ 的关系

5. 可靠性参数

描述系统可靠性的度量因子统称为可靠性参数，它直接与战备完好性、任务成功、维修人力和保障资源有关。根据应用场景的不同，可分为使用参数或合同参数两类。使用参数主要反映装备使用需求的参数，而合同参数是在合同或研制任务书中用以表述订购方对装备可靠性的要求，并且是承制方在研制与生产过程中能够控制的参数。

除前面介绍的 $R(t)$、$f(t)$、$\lambda(t)$ 等可靠性参数外，还有一些常用的可靠性参数，可以根据装备的类型、使用要求、验证方法等选择采用。在介绍这些可靠性参数时，常常会涉及寿命单位这个概念。寿命单位（Life Unit），指对产品使用持续期的度量单位，如飞行小时、起落次数、循环次数等。

（1）平均寿命（Mean Life）指产品寿命的平均值或数学期望，记为 θ。设产品的故障分布密度函数为 $f(t)$，则该产品的平均寿命即寿命 T 的数学期望为

$$\theta = \int_0^{\infty} t f(t)\mathrm{d}t \qquad\qquad (2\text{-}20)$$

若已知产品的可靠度，则

$$\theta = \int_0^{\infty} R(t)\mathrm{d}t \qquad\qquad (2\text{-}21)$$

可修复产品的平均寿命称为平均故障间隔时间（Mean Time Between Failure，MTBF），MTBF 是指在规定的条件下产品两次故障发生时间之间的时间段的平均值。不可修复产品的平均寿命又称为平均故障前工作时间（Mean Time To Failure，MTTF），MTTF 是指在规定的条件下产品无故障运行的平均时间，取所有从产品开始正常运行到发生故障之间的时间段的平均值。

例如，产品的故障分布密度函数服从指数分布 $f(t) = \lambda \mathrm{e}^{-\lambda t}(t \geqslant 0, \lambda > 0)$，则

$$\theta = \int_0^\infty t\lambda e^{-\lambda t}dt = \frac{1}{\lambda} \qquad (2\text{-}22)$$

即故障率为常数时，产品的平均寿命与故障率互为倒数。

平均寿命表明产品平均能工作多长时间。从这个指标中我们可以比较直观地了解某种产品的可靠性水平，也容易在可靠性水平上比较产品可靠性的高低，很多装备常用平均寿命作为可靠性指标，如各种电子设备的平均故障间隔时间等。

平均寿命一般通过寿命试验，用所获得的数据来估计。由于可靠性试验往往具有破坏性，故只能随机抽取一部分产品进行寿命试验，这部分产品被称为子样或样本。一般情况下，平均寿命是指在规定的条件下和规定的时间内，产品的寿命单位总数与故障产品总数之比，即

$$\theta^* = \frac{给定时间内的总工作时间}{该段时间内的故障数}$$

如从一批不可修复产品随机抽取 N 个投入使用或试验，直到全部发生故障为止，这样就可以获得每个样品工作到故障前的时间 t_i（i=1，2，…，N），则该产品平均寿命的估计值为

$$\theta^* = \frac{\sum\limits_{i=1}^{N} t_i}{N} \qquad (2\text{-}23)$$

（2）可靠寿命（Reliable Life）指给定可靠度所对应的寿命单位数（图 2-4）。不同时刻，产品具有不同的可靠度，则对于一个给定可靠度 r，将对应一个工作时间 t_r，该时间就称为可靠寿命。

$$R(t_r) = r \qquad (2\text{-}24)$$

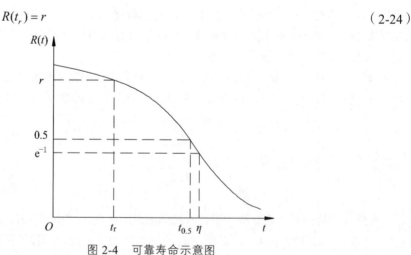

图 2-4　可靠寿命示意图

对于指数分布，有 $e^{-\lambda t_r} = r$ 则

$$t_r = -\frac{\ln r}{\lambda} \qquad (2\text{-}25)$$

特别地，可靠水平 $r=0.5$ 时的可靠寿命 $t_{0.5}$ 称为中位寿命；可靠水平 $r=\mathrm{e}^{-1}$ 的可靠寿命 $t_{\mathrm{e}^{-1}}$ 称为特征寿命记为 η。

（3）使用寿命（Useful Life）指产品使用到无论从技术上还是经济上考虑都不宜使用，而必须大修或报废时的寿命单位数。

（4）储存寿命（Storage Life）指产品在规定的条件下能够满足规定要求的储存期限。

（5）总寿命（Total Life）指在规定的条件下，产品从开始使用到规定报废的寿命单位数。

（6）首次大修期限（Time To First Overhauls，TTFO）指在规定的条件下，产品从开始使用到首次大修的寿命单位数，也称首次翻修期限。

（7）大修时间间隔（Time Between Overhauls，TBO）指在规定的条件下，产品两次相继大修之间的寿命单位数。

（8）平均拆卸间隔时间（Mean Time Between Removals，MTBR）。指在规定的条件和规定的时间内，产品寿命单位总数与从该产品上拆下其组成部分的总次数之比，这是一个与保障资源有关的可靠性参数，其中不包括为便于其他维修活动或改进产品而进行的拆卸。

（9）平均严重故障间隔时间（Mission Time Between Critical Failure，MTBCF）。指在规定的一系列任务剖面中，产品任务总寿命单位与严重故障总数之比，这是一个与装备任务有关的可靠性参数。

2.1.3　软件可靠性

1. 基本概念

软件可靠性是用来衡量软件好坏的十分重要的评价指标。软件的可靠性与硬件的可靠性虽有许多相似之处，但由于软、硬件故障机理存在明显不同，故它们的差异是多方面的，其主要表现在：

（1）硬件故障是由于物理、化学等原因引起的，有散差；软件故障主要是开发缺陷带来的，无散差。

（2）硬件产品可视性好，便于控制；软件产品可视性差，难控制。

（3）硬件故障不只是由设计生产造成的，使用过程和设备自身变化也能造成故障；软件故障一般均是软件开发设计时造成的。

（4）硬件行为可以用连续函数描述，故障形成有物理原因、有耗损现象、有前兆，故障还与使用时间有关；软件行为变化的数字模型是离散的，故障形成一般无物理原因、无耗损现象、难以观察到前兆，故障还与程序、测试、改正时间等有关。

（5）相同零部件适当冗余的硬件可以提高可靠性；软件的冗余部件却不能相同。

（6）硬件在使用过程中出现故障后，产品维修通常修复失效部件，可靠性只能保持不能提高；软件在使用过程中出现故障后，产品维修通常是修改软件，生成新版本，只要维修过程合理，可靠性能进一步提高。

由于软件故障与硬件故障存在明显差异，就使软件可靠性在术语内涵、指标选择、设计方法、分析手段、验证以及提高软件可靠性的途径等方面具有其自身的特点。

软件可靠性是软件在规定的环境条件下和规定的时间内，不引起系统规定功能故障的能力。软件可靠性同样可用可靠度来衡量，而软件的可靠度是软件在规定的条件下、规定的时间内不引起系统失效的概率。该概率是系统输入与系统使用的函数，也是软件中存在的缺陷函数。环境条件是指软件的运行环境，它涉及软件运行所需要的一切支持系统及有关的因素（主要指对输入数据的要求、计算机当时的状态及软件环境，而其他一切支持系统及因素都假定为对该软件是理想的，即不会影响该软件的正常运行）。规定的时间 t 被定义为软件系统一旦投入运行后的计算机挂起（开机但空闲）和工作的累积时间。显然，在使用期间还有计算机的停机时间，它不包括在运行时间 t 内。规定功能是指软件要求、规格说明书和设计说明书上规定的软件全部功能。

2. 软件故障及其特征

对于软件的不正常，常用如下术语来描述：

（1）软件缺陷。在软件开发过程中造成的软件功能不能满足用户需求的内在缺陷。

（2）错误。在一定条件下由软件缺陷导致系统运行中出现可以感知的不正常情况。

（3）故障。由于软件缺陷使软件丧失在规定的条件下实现所要求功能的情况。

软件故障一般有以下特征：

（1）故障主要是开发软件时的缺陷引起的，通常缺陷潜伏在软件中，直到由于某种原因缺陷才会引发故障，如使用环境发生变化。

（2）软件设计和生产过程中可视性差，难以控制。

（3）产品复制过程不会直接造成故障。

（4）程序是指令序列，即使每条指令本身都是正确的，但由于程序运行状态一般很多，并不能保证指令动态组合完全正确，故只有在一定的系统状态和输入条件下故障才会暴露出来。

（5）故障的形成没有物理原因、耗损现象和异常前兆，故障与使用时间无关，但与程序、测试、改正时间等有关。

（6）只能在软件开发过程中采取技术和管理措施来减少软件故障。

（7）使用过程中出现故障后软件维护通常要修改软件，生成新的版本；只要维护过程合理，就可以提高软件可靠性。

3. 常用软件可靠性参数

（1）系统平均不工作间隔时间。定义系统平均不工作间隔时间 T_{BSD} 为

$$T_{BSD} = \frac{T_V}{d+1} \tag{2-26}$$

式中　T_V——软件正常工作总时间；

　　　d——系统由于软件故障而停止工作的次数。

（2）系统不工作次数（一定时期内）。由于软件故障停止工作，必须由操作者介入再

启动才能继续工作的次数。

（3）可用度。设 T_V 为软件正常工作总时间，则系统可用度 A 为

$$A = \frac{T_V}{T_V + T_D} \tag{2-27}$$

也可表示为

$$A = \frac{T_{BD}}{T_{BD} + T_{DT}} \tag{2-28}$$

式中　T_D——由于软件故障使系统不工作的时间；

　　　T_{BD}——平均工作时间；

　　　T_{DT}——平均不工作时间。

（4）初期故障率。一般以软件交付使用方后的 3 个月内为初期故障期。用它来评价所交付软件的质量，并预测软件可靠性何时基本稳定。

（5）偶然故障率。一般以软件交付给使用方后的第 4 个月开始为偶然故障期。偶然故障率一般以每千小时的故障数为单位，它反映了软件处于稳定状态的质量水平。

（6）使用方误用率。使用方不按照软件规范及说明等文件来使用而造成的错误叫使用方误用。在总使用次数中，使用方误用次数占的百分率叫"使用方误用率"。

（7）用户提出补充要求数。软件未能充分满足用户需要，或者用户对软件开发时所提要求不全面，软件开发使用后用户又提出补充要求，需要生产方对软件进行修改、完善的情况。

（8）处理能力。处理能力有各种指标。例如，可用每小时平均处理多少个文件，每项工作的反应时间多少秒等表示，根据需要而定。在评价软件及系统的经济效益时需要用到这项指标。

4. 软件可靠性设计准则

软件可靠性设计是指在遵循软件工程规范的基础上，在软件设计中采取一些专门技术，将可靠性"设计"到软件中，以满足软件可靠性要求。

软件可靠性设计的主要技术有：① 自顶向下设计；② 软件可靠性分配；③ 软件可靠性预测；④ 软件故障树分析；⑤ 软件失效模式与效应分析；⑥ 软件复杂性控制；⑦ 软件容错；⑧ 软件模块的标准化；⑨ 软件在线检查。

5. 提高软件可靠性的方法

提高软件可靠性的根本途径是开展软件可靠性设计，减少软件缺陷，此外还应当：

（1）严格开展技术状态管理。严格的技术状态管理是保证软件可靠性的重要措施，主要完成软件技术状态标识、技术状态控制、技术状态记录、技术状态审核等任务。

（2）制定准确、完整、合理和标准化的技术要求或规格说明书。技术要求或规格说明书是软件设计人员和用户共同遵循的基础，也是进行程序调试和软件测评的基础，它应具有完整性、明确性、一致性和可测试性，并需要考虑当软件工作环境发生一定范围

变动时的功能扩展性。

（3）减少编码错误。

（4）进行软件设计评审和软件测试。

2.1.4 可靠性管理

1. 可靠性管理的概念

可靠性管理是指为确定和达到要求的产品可靠性特性所需的各项管理活动的总称。它是从系统的观点出发，通过制订和实施一项科学的计划，去规划、组织、协调、控制和监督可靠性活动的开展，以保证用最少的资源，实现用户所要求的产品可靠性。

为保证产品可靠性达到预期指标，可靠性管理的具体措施包括：组织可靠性质量保证系统；规定要管理的任务、有关部门及负责人员的职责；指导、检查和督促分担任务的协作单位的可靠性工作；制订可靠性计划并检查督促计划的执行。

2. 可靠性管理的保证系统

可靠性管理的保证系统包括领导机构、设计部门、生产部门、外购件部门、可靠性试验部门、故障反馈和改正系统、使用部门、维修部门等。

（1）可靠性管理保证系统的领导机构的任务：制订可靠性工作的方针、计划、组织和规章制度；发布标准规范；检查、督促可靠性工作的进展；协调整个系统的可靠性工作（包括协作单位在内）；组织可靠性工作的教育和情报交流；指导所属部门的可靠性工作。

（2）设计部门的任务：根据所要求的可靠性指标确定环境条件；制订本系统的可靠性任务书；确定对所用元件、器件、材料、工艺的可靠性要求；进行可靠性分配和预测；进行故障树分析和故障模式、效应及致命程度分析；寻找产品的薄弱环节，在设计上采取措施，以提高薄弱环节的可靠性；对产品的零件、部件进行应力-强度分析，采取环境保护（如减振、降温）措施；对材料和加工精度提出恰当的要求，保证零件、部件和产品结构可靠；确定元件、器件的降负荷因子；进行热设计，使整机的局部温升不致过高；进行边缘设计，保证产品的性能可靠；查明所用元件、器件、材料的保险期，制订恰当的维修、更新方案；在各个设计阶段结束时进行设计评审。

（3）生产部门的任务：严格选用可靠性保证部门推荐使用的元件、器件、材料、工艺；制订严格的工装设备、量具、计量测试设备的维修计划，保证它们始终处于合格状态；对产品的生产过程进行严格的质量管理，保证一致性和稳定性。

（4）外购件可靠性保证部门的任务：派出专门人员调查外购件生产厂的产品可靠性，确定能否承担外购件生产任务；提出元件、器件的筛选条件，材料的检验条件和验收方案；必要时直接派员监督外购件的生产。

（5）可靠性试验部门的任务：负责制定可靠性试验的规范和方法；验证模拟试验与实际使用状态之间的折合关系；对产品及其零件、部件进行可靠性试验并提交试验报告；必要时研制非标准的可靠性试验设备。

（6）故障反馈和改正系统是可靠性保证系统中不可缺少的一部分，这个系统包括故障报告、分析和改正措施系统、故障分析中心和故障审查机构。

（7）使用部门的任务：提供使用条件；根据要求进行维护、修理、保管和使用；准备合理的备用件；对现场故障进行收集、分析，提供给有关部门。

（8）维修部门的任务：尽力为用户维修好产品；搜集和整理出现的故障情况，及时通过故障反馈和改正系统上报。

3. 可靠性管理的具体过程

（1）可靠性计划。包括为使产品达到预定的可靠性指标，在设计、研制、生产、使用等各阶段的内容、进度、保障条件以及实施计划的组织技术措施等。

（2）可靠性指标分配。将可靠性指标按科室或车间队组分配落实。

（3）可靠性试验。为评价分析产品的可靠性而进行的试验。

（4）可靠性评价。根据可靠性试验，对产品的可靠性进行评价。

（5）可靠性验证。由生产方与使用方以外的第三方，通过对生产方的可靠性组织、管理、产品技术文件和对产品可靠性试验结论进行审查，以验证产品是否达到规定的质量标准。

2.2 维修性

维修性是由产品设计赋予的使其维修简便、迅速和经济的内在特性，是一种由产品设计环节决定的固有属性和质量特性。

2.2.1 维修性概述

1. 维修性的基本概念

维修性是指产品在规定的条件下和规定的时间内，按规定的程序和方法进行维修时，保持或恢复其规定状态的能力。保持或恢复产品的规定状态是维修的目的，维修性是在规定的约束条件（维修条件、时间、程序与方法）下能够完成维修的可能性。所谓规定的条件，主要是指维修的机构和场所（如工厂或维修基地、专门的修理车间、修理所以及使用现场等）及相应的人员与设备、设施、工具、备件、技术资料等资源；所谓规定的程序与方法，是指按技术文件规定采用的维修工作类型、步骤、方法。

应当指出的是，这里所说的维修包括修复性维修、预防性维修、改进性维修和现场抢修。在维修中常常需要检测和隔离故障，特别是像电子设备这种复杂装备，测试诊断已成为一种独立的维修活动，测试诊断性能已经形成一种独立的特性，即测试性（Testability）。

2. 维修性工程发展概况

维修性工程是为了达到装备的维修性要求所进行的一系列技术与管理活动，其目的是赋予装备良好的易于维修的本质属性，工作重点是通过对装备维修性需求的科学论证，确定合理的维修需求，并通过设计、分析、制造和验证等系统工程活动，赋予装备良好的维修品质。当然，维修性工程还应当包括维修性的管理、使用过程维修信息的科学管理等。

维修性工程始于 20 世纪 50 年代，装备复杂化加剧、维修工作量加大、费用增加，使得维修性问题引起了美国军方的高度重视。60 年代，维修性研究的重点是维修性定量分析的度量方法，提出了以维修时间作为维修性的度量参数，把维修时间分为不能工作时间、修理时间、行政延误时间等时间单元，为定量预计装备的维修性、控制维修性设计过程、验证维修性设计结果奠定了基础。70 年代，随着集成电路及数字技术的发展，装备维修的重点从过去的拆卸、更换转到故障检测和隔离，因此故障诊断能力、机内测试成为维修性研究的重要内容。80 年代突出了测试性，DoD 发布了《系统及设备维修性管理大纲》，强调测试性是维修大纲的重要组成部分，认为机内测试及外部测试不仅对维修性设计产生重大影响，而且会影响到装备的寿命周期费用。90 年代以来，未解决装备存在的诊断能力差、机内测试虚警率高等问题，美、英等西方国家开展了综合诊断和人工智能诊断技术应用的研究。DoD 于 1991 年正式发布了《综合诊断》军用标准；1993年发布了《系统和设备测试性大纲》；1996 年发布了《维修性验证、演示和评估》《维修性大纲要求》《维修性预计》三个维修文件，标志着维修性工程已成为一门独立的学科。

3. 维修工程与维修性工程的关系

装备良好的维修性设计为装备维修提供了良好的基础，维修性工程侧重解决装备自身是否属于维修的问题，但是装备维修还涉及许多外部因素，如备件的供应保障、维修工具、维修设施建设等。因此，为保障装备维修的及时、有效、经济，必须从装备全系统、全寿命出发，统筹规划影响装备维修的各种因素，以建立有效的维修保障系统，这即是维修工程的范畴。简言之，维修工程是研究装备全系统、全寿命维修要求和维修任务规划、设计、管理、评估及寿命控制的理论、方法及技术，并以此为基础建立和运行维修保障系统的工程技术科学。它是更侧重研究装备维修保障系统的功能、组成要素、构建、运行规律和相互关系，探索装备维修规律，讨论维修保障科学管理方法的学科。

2.2.2　维修性的量度

由维修性的基本含义可知，维修性不同于可靠性，它涉及人、环境等诸多不确定因素，所以人们一般从定性的角度来描述它，但对于装备的维修性，仅有定性是不够的，还要定量化，以便能更好地确定装备维修性的优劣程度。由于维修时间是一个随机变量，因此一般从维修性函数出发来研究维修时间的各种统计量。

1. 维修度分布函数

维修度分布函数是指可修复产品在规定的维修条件下和规定的时间内，按规定的程序和方法进行维修时，由故障状态恢复到能完成规定功能状态的概率，一般记为 $M(t)$，简称维修度。

在维修度的定义中，变量是维修时间。需要指出的是，维修时间因故障情况不同而有所不同，它是一个随机变量，有其统计分布形式。在某种意义上，维修时间与可靠性中的故障时间分布类似，但有两点不同：① 维修度中的时间是一个狭义的时间概念，而可靠性的时间概念是一个广义的时间概念，它可以是飞行小时，也可以是起落次数、循环次数、公路里程、射击次数等；② 可靠性描述的是装备在规定的时间内不发生故障的概率，而维修性描述的是装备在规定的时间内完成维修事件的概率。

设某产品发生故障后修复到完好状态的时间为 τ，t 是规定的维修时间，$t=0$ 时刻为故障状态，则维修到 τ 时刻的维修度分布函数 $M(t)$ 为

$$M(t) = P\{\tau \leqslant t\} \tag{2-29}$$

式（2-29）表示，维修度是在一定的条件下，完成维修的时间 τ 小于或等于规定维修时间 t 的概率，显然 $M(t)$ 是一个概率分布函数。由于 $M(t)$ 是表示产品从 $t=0$ 开始到某一时刻 t 内完成维修的概率，是对时间的累积概率，与故障分布函数 $F(t)$ 相似，是时间 t 的增值函数，因此有

$$0 \leqslant M(t) \leqslant 1, \; M(0) = 0, \; M(\infty) = 1 \tag{2-30}$$

式（2-30）表明，同一时刻 t 的 $M(t)$ 值越大时，产品越容易维修。

如果维修的是 N 件产品，设在 $t=0$ 均处于故障状态，经时间 t 的维修以后，在 t 时刻的累积修复数为 $N_r(t)$，则在 t 时刻的经验维修度为

$$M^*(t) = \frac{N_r(t)}{N} \tag{2-31}$$

2. 维修分布密度函数

设维修度 $M(t)$ 连续可微，则定义维修度的导数为维修分布密度，即

$$m(t) = \frac{\mathrm{d}M(t)}{\mathrm{d}t} = \lim_{\Delta t \to 0} \frac{M(t+\Delta t) - M(t)}{\Delta t} \tag{2-32}$$

假设需要维修的产品数为 N，在 Δt 时间间隔内产品由故障状态恢复到完好状态的修复数为 $\Delta N_r(t)$，由式（2-31）得

$$\Delta M^*(t) = \frac{\Delta N_r(t)}{N} \tag{2-33}$$

由式（2-32）、式（2-33）得维修分布密度估计值为

$$m^*(t) = \frac{\Delta M^*(t)}{\Delta t} = \frac{1}{\Delta t} \times \frac{\Delta N_r(t)}{N} \tag{2-34}$$

维修分布密度函数表示单位时间内修复数与送修总数之比，即单位时间内产品预期被修复的概率。

由式（2-34）得

$$\mathrm{d}M(t) = m(t)\mathrm{d}t \tag{2-35}$$

$$M(t) = \int_0^t m(t)\mathrm{d}t \tag{2-36}$$

此外，维修时间 τ 在一个小区间 $(t, t+\Delta t)$ 内取值的概率为

$$P(t < \tau \leqslant +\Delta t) = m(t)\Delta t \tag{2-37}$$

3. 修复率函数

修复率函数是指产品在 $t=0$ 时刻有故障，经过 $(0, t)$ 修理后，尚未修复的产品在 $t+\Delta t$ 单位时间内完成修复的条件概率，简称修复率，即

$$
\begin{aligned}
\mu(t) &= \lim_{\Delta t \to 0} \frac{1}{\Delta t} P\{t < \tau \leqslant t + \Delta t \mid \tau > t\} \\
&= \lim_{\Delta t \to 0} \frac{1}{\Delta t} \frac{P\{t < \tau \leqslant t + \Delta t\}}{P\{\tau > t\}} = \frac{1}{\Delta t} \times \frac{m(t)\Delta t}{1 - m(t)} = \frac{m(t)}{1 - m(t)}
\end{aligned}
\tag{2-38}
$$

则修复率的经验值为

$$\mu^*(t) = \frac{\Delta N_r(t)}{[N - N_r(t)] \cdot \Delta t} \tag{2-39}$$

式（2-39）中各变量含义同前。

由式（2-32）和式（2-38），有

$$\mu(t) = \frac{\dfrac{\mathrm{d}M(t)}{\mathrm{d}t}}{1 - M(t)} \tag{2-40}$$

即

$$\mu(t)\mathrm{d}t = -\mathrm{d}\ln[1 - M(t)] \tag{2-41}$$

$$\int_0^t \mu(t)\mathrm{d}t = -\ln[1 - M(t)] \tag{2-42}$$

$$M(t) = 1 - \mathrm{e}^{-\int_0^t \mu(t)\mathrm{d}t} \tag{2-43}$$

若维修时间服从指数分布，即修复率为常数 μ，则

$$M(t) = 1 - \mathrm{e}^{-\mu t} \tag{2-44}$$

$$m(t) = \mu \mathrm{e}^{-\mu t} \tag{2-45}$$

4. 维修性参数

（1）平均修复时间（Mean Time to Repair，MTTR），指在规定的条件下和规定的时间内，装备在任一规定的维修级别上，修复性维修总时间与该维修级别上被修复产品的故障总数之比，它是装备维修性的一种基本参数。设随机变量 τ 为可修复产品的维修时间，则有

$$MTTR = E\tau \qquad\qquad (2\text{-}46)$$

式中，$MTTR$ 为平均修复时间。若已知维修密度，则

$$MTTR = \int_0^\infty tm(t)\mathrm{d}t \qquad\qquad (2\text{-}47)$$

当维修时间服从指数分布，修复率为 μ，则

$$MTTR = \frac{1}{\mu} \qquad\qquad (2\text{-}48)$$

在实际工作中，平均修复时间的估计值为修复时间 t 的总和与修复次数 N 之比，即

$$\overline{t^*} = \frac{1}{N}\sum_{i=1}^{N} t_i \qquad\qquad (2\text{-}49)$$

（2）最大修复时间 $t_{0.95}$ 或 $t_{0.9}$，指装备达到规定维修度所需的修复时间。在统计过程中，最大修复时间不包括供应和行政管理延误时间，规定的维修度一般常取 0.95（或 0.9），相应的最大维修时间记为 $t_{0.95}$（或 $t_{0.9}$），可根据维修时间的不同分布得到其相应的计算公式。

① 对于正态分布，有

$$t_{0.95} = MTTR + 1.65\sigma \qquad\qquad (2\text{-}50)$$

$$t_{0.9} = MTTR + 1.28\sigma \qquad\qquad (2\text{-}51)$$

② 对于指数分布，有

$$t_{0.95} = 3MTTR \qquad\qquad (2\text{-}52)$$

$$t_{0.9} = 2.3MTTR \qquad\qquad (2\text{-}53)$$

（3）中位修复时间，指维修度 $M(t) = 0.5$ 时所对应的维修时间，记为 $t_{0.5}$。中位修复时间的计算可根据维修时间的不同分布而得到。

① 正态分布，由

$$\phi\left(\frac{t_{0.5} - MTTR}{\sigma}\right) = 0.5$$

得

$$t_{0.5} = MTTR \qquad\qquad (2\text{-}54)$$

② 指数分布，由

$$M(t) = 1 - \mathrm{e}^{-t/MTTR}$$

得

$$t_{0.5} = 0.693MTTR = 0.693\frac{1}{\mu} \qquad\qquad (2\text{-}55)$$

（4）平均预防性维修时间（Mean Preventive Maintenance Time，MPMT），指对装备进行预防性维修所用时间的平均值。其度量方法为，在规定的条件下和规定的时间内，

装备在任一规定的维修级别上，预防性维修总时间与预防性维修总次数之比。

（5）维修工时率（Maintenance Ration，MR），指在规定的条件下和规定的时间内，装备直接维修工时总数与该装备寿命单位总数之比，这是一种与维修人力有关的维修性参数。

（6）维修活动的平均直接维修工时（Direct Maintenance Man-hours per Maintenance Action，DMMH/MA），指在规定的条件下和规定的时间内，装备的直接维修工时总数与该装备预防性维修和修复性维修活动总数之比，这是一种与维修人力有关的维修性参数。

2.2.3 可用性

可用性也称有效性，是指产品在任意随机时刻需要和开始执行任务时，处于可工作或可使用状态的程度。装备在实际使用过程中，始终处于完好和故障这两种交替的状态。某一时刻 t，使用者最为关心的是它究竟是完好还是故障，因为它直接关系到实际应用或紧急状态下能够立即出动的能力，因而需要引入一种新的能力特性——可用性，综合考虑可靠性和维修性对装备实际使用的影响，以更为准确地描述装备的实际使用能力。

1. 可用度

与可靠性、维修性相类似，可用性也可用概率来表示，这个概率就是可用度，也称有效度，它是考虑维修效果以后，在时刻 t 装备处于完好工作状态的概率，用以反映装备完好工作的能力。可用度可分为瞬时可用度、平均可用度和稳态可用度。

（1）瞬时可用度。产品在规定的使用条件下，由 $t=0$ 时的完好状态，到某一规定时刻 t 仍处于完好工作状态的概率，称为瞬时可用度，记为 $A(t)$。

假设产品只有两种状态，即

$$X(t)=\begin{cases}1, & (t\text{ 时刻完好})\\ 0, & (t\text{ 时刻故障})\end{cases} \tag{2-56}$$

则产品在时刻 t 的瞬时可用度为

$$A(t)=P\{X(t)=1\} \tag{2-57}$$

对于不可修复产品，有 $A(t)=R(t)=P\{X(t)=1\}$；对于可修复产品，因为经过维修，提高了装备完好状态的概率，所以有 $A(t)\geqslant R(t)$。

（2）平均可用度。产品在一段时间（0，t]内瞬时可用度的平均值，称为平均可用度，即

$$\bar{A}(t)=\frac{1}{t}\int_0^t A(t)\mathrm{d}t \tag{2-58}$$

（3）稳态可用度。若瞬时可用度 $A(t)$ 有极限的话，则

$$A=\lim_{t\to\infty}A(t) \tag{2-59}$$

称 $A(t)$ 的极限值为稳态可用度，记为 A，它反映在规定条件下，当有任务需要时，产品

处于可使用状态的概率，即

$$A = \frac{U}{U+D} \qquad (2-60)$$

式中　U——产品能工作的时间；

　　　D——产品不能工作的时间。

能工作时间 U 表征产品的可靠性；不能工作时间 D 表征产品的维修性。提高可靠性和维修性，都能使 A 增大。

2. 其他几种稳态可用度

由式（2-60）可知，确定 U 和 D 的条件不一样，就有不同的可用度。

（1）固有可用度。仅与装备能工作时间和修复性维修时间有关的可用度，称为固有可用度，记作 A_i。它反映了装备可靠性和维修性的固有属性，即

$$A_i = \frac{MTBF}{MTBF + MTTR} \qquad (2-61)$$

（2）可达可用度。仅与装备能工作时间、修复性维修和预防性维修时间有关的可用度，称为可达可用度，记作 A_a。它考虑了装备的固有属性、修复性工作和预防性维修工作，是装备能达到的最高可用度，即

$$A_a = \frac{MTBM}{MTBM + MT} \qquad (2-62)$$

式中　$MTBM$——平均维修间隔时间，反映能工作的时间；

　　　MT——平均维修时间，是平均预防性维修时间和平均修复性维修时间之和。

（3）使用可用度。仅与装备能工作时间和不能工作时同有关的一种可用度，称为使用可用度，记作 A_o。它考虑了维修、供应及行政延误时间，反映了装备的真实使用情况，即

$$A_o = \frac{MTBM + RT}{MTBM + RT + MDT} \qquad (2-63)$$

式中　RT——平均待命时间；

　　　MDT——平均停用时间，包括维修、供应及行政延误时间等。

使用可用度还可以用下式度量，即

$$A_o = \frac{MTBF}{MTBF + MTTR + MLDT} \qquad (2-64)$$

式中　$MLDT$——平均保障延误时间。

2.2.4　维修性管理

1. 维修性管理概述

维修性管理是以现代化的科学管理手段，制订和实施维修大纲，组织和管理整个维修性活动，以保证用最低的费用实现装备的维修要求，具体的活动包括对要完成任务的

描述、组织机构责任的明确划分、工作分解结构的建立、费用计划的安排和制定、所需的程序和报告的复查等。维修性管理的职能是对维修性活动的计划、组织、监督、控制和指导，其对象是装备寿命周期过程中与维修性有关的全部活动，重点是装备论证、设计和试验。因此，维修性管理必须贯穿于装备寿命周期的全过程，制订全面的维修性管理计划和组织措施，重点抓好关键部位和管理中的薄弱环节，提高维修性活动的有效性。

2. 维修性管理的基本工作

维修性管理是运用反馈控制原理建立一个管理系统，并由此展开有效的工作，从而保证维修性目标的实现。为保证航空装备具有所要求的维修性，首先应由用户提出维修性要求，其要求应明确而具体，既有定性要求又有定量指标，且切实可行，并作为规定写进合同或任务书中。用户或订购方应充分认识自己在维修性管理中的主导作用，适时提出经科学论证的维修性要求，并促使承制方予以实现。维修性管理的基本依据是维修性管理大纲，它包括一般要求、监督与控制、设计与评价、试验与验证四个方面，每个方面又包括若干项工作，这些工作可划分为四类：

（1）计划。根据维修性管理大纲的要求分析确定的管理目标，选择达到目标必须开展的维修性活动项目，确定每项活动的实施要求，以及估计完成这些活动所需的资源和时间。

（2）组织。建立维修性管理机构，任命维修性活动的负责人以及专职或兼职的工作人员，明确其职责、权限，以形成维修性活动的管理架构和工作团队，为完成计划确定的目标提供组织保证。同时，还要完成各类人员的培训和考核，使之能胜任所承担的职责。

（3）监督。通过报告、检查、评审、鉴定和认证等管理活动，及时获取信息，以监督和保证各项维修性工作按计划进行。同时，还要利用转包合同、订购合同、现场考察认证、参与设计评审和试验验收等管理方法与手段，对协作单位和供应单位实施有效监督。

（4）控制。按照相关条例、标准、规范建立完善的规章制度；确定一系列的检查节点和控制节点；建立维修性信息系统并收集维修性数据；分析评审维修性方案；制定改进措施，以指导和控制各项维修性活动的开展。

2.3 测试性

2.3.1 测试与测试性

1. 测 试

装备在实际使用中，其技术状态总要发生变化的。针对软硬件是否完好、性能是否退化等疑问，我们需要通过各种检查、测量、试验等操作才能确定，这种确定产品状态（可工作、不可工作或性能下降等）并隔离其内部故障的活动，称为产品的测试。测试活动根据目的的不同可分为产品验收、质量监控、检测与隔离故障等类型。

测试是装备维修中的一个重要环节，尤其是对于复杂的航空装备和电子装备而言，故障检测与隔离时间往往占其排故总时间的 35%～60%，因此测试已成为影响装备战备完好性和任务成功性的重要因素。

2. 测试性

测试性（Testability），这一概念是伴随着维修的发展而逐渐发展起来的，最早于1975年被提出并在诊断电路设计等领域得到应用。1978年，美国国防部颁发了《设备及系统的 BIT、外部测试、故障隔离、测试性特性与要求的验证及评价》，规定了测试性的验证及评价的方法和程序。

测试性，是指能及时、准确地确定产品（系统、子系统、设备或组件）状态（可工作、不可工作、性能下降）和隔离其内部故障的一种设计特性，即测试性是产品能够及时、准确地进行测试的设计特性，它既包含对主装备自身的要求，又包含对测试设备的性能要求，装备测试性主要表现在：自检能力强、测试方便、便于使用外部测试设备进行检测。

一般说来，在装备使用阶段的测试属于维修范畴，包括预防性维修中的检测和修复性维修中的故障检测、隔离及检验等活动，所以测试性最早是维修性的一部分。随着各种装备的日趋复杂化，测试性的地位和作用日益突出，因此测试性逐渐发展成为一种独立的系统特性。

3. 设备寿命周期中的测试工作

与可靠性、维修性一样，为了实现对装备测试性的要求，必须在装备寿命周期过程中开展一系列的设计、分析、试验等活动或工作。

（1）研制和生产过程中，经常要对零部件、组件乃至成品的性能指标、物理参数等进行检查、测量，以确定它们是否符合规定的要求。

（2）使用过程中，要对装备进行定期检查和测试，及时掌握装备状态参数，如工作不正常，就要进一步查找发生故障的部位，以便排除故障，恢复装备良好的性能状态。

（3）修复过程中，首先就应当通过测试掌握产品的性能状态并隔离故障。

2.3.2 测试性的量度

1. 故障检测率（Fault Detection Rate，FDR）

产品在规定的时段内，在规定的条件下，用规定方法能够正确检测出的故障数（N_D）与所发生的故障总数（N_T）之比，记为r_{FD}，即

$$r_{FD} = \frac{N_D}{N_T} \times 100\% \tag{2-65}$$

式中 N_T——在规定时段内发生的全部故障数；

N_D——在同一时段内，在规定的条件下，用规定的方法正确检测出来的故障数。

定义中的"产品"即"被测试项目"，可以是系统、设备、零部件等；"规定的时段"是指用于统计发生故障总数和检测出故障数的时间区间；"规定的条件"是指进行检测的维修级别、人员、检测仪器等条件。"规定方法"是指测试的方法、手段等，如 BIT、ATE

（自动测试设备）、人工检测等。对于电子系统和设备或一些复杂装备，检测率为

$$r_{FD} = \frac{\lambda_D}{\lambda} = \frac{\Sigma \lambda_{Di}}{\Sigma \lambda_i} \times 100\%$$ （2-66）

式中　λ_i——被测试项目中第 i 个部件或故障模式的故障率；

　　　λ_{Di}——其中可检测的故障率。

2. 故障隔离率（Fault Isolation Rate，FIR）

在规定时段内，产品被检出的故障，在规定条件下用规定方法能够正确隔离到少于或等于 L 个可更换单元的百分比，记为 r_{FI}，即

$$r_{FI} = \frac{N_L}{N_D} \times 100\%$$ （2-67）

式中　N_L——在规定的条件下用规定的方法正确隔离到小于或等于 L 个可更换单元的故障数；

　　　L——故障隔离的能力，$L=1$ 时称为确定性隔离，即直接隔离到可更换单元，$L>1$ 时称为不确定性隔离。

3. 虚警率（Fault Alarm Rate，FAR）

虚警是指测试装置或设备显示被测项目有故障，而该项目实际无故障。虚警率是指在规定的时段内发生的虚警数 N_{FA}，与显示的故障总数之比，记为 r_{FA}，即

$$r_{FA} = \frac{N_{FA}}{N_F + N_{FA}} \times 100\%$$ （2-68）

式中　N_F——真实故障次数。

此外，测试性还可用故障检测时间（Fault Detection Time，FDT）、故障隔离时间（Fault Isolation Time，FIT）、不能复现率（Retest Okay Rate，ROR）、重测合格率（Cannot Duplication Rate，CDR）等参数来进行定量描述。

2.4　保障性

2.4.1　保障性概述

广义的装备性能是指为使装备系统在整个工作时间里能高效地执行其指定任务，应具有的任务性能和保障性能，所以保障性能本身就是广义装备性能的重要组成部分。装备的保障性能包括任务所需的与保障有关的设计特性和保障资源特性，它是装备应具备的一种新的属性，即保障性（Supportability）。

1. 保障性的基本含义

《可靠性维修性保障性术语》（GJB 451A—2005）将保障性定义为"装备的设计特性和计划的保障资源满足平时战备完好性和战时利用率要求的能力"。保障性是装备系统的

固有属性，它包括两方面的含义，即与装备保障有关的设计特性和保障资源的充足及适用程度。

（1）保障性中所指的设计特性，是指与装备使用与维修保障相关的设计特性，如可靠性和维修性等，以及使装备便于操作、检测、维修、装卸、运输、消耗品（油、水、气、弹）补给等的设计特性。这些都是通过设计途径赋予装备硬件和软件的。如果装备具有满足使用与维修要求的设计特性，就说明它是可保障的。

（2）计划的保障资源是指为保证装备完成平时和战时使用要求，所规划的人力和物力资源。其中，有些试验用现役装备的保障资源，但大部分需要重新研制，人员也要进行专门训练。保障资源的满足程度有两方面的含义：一是数量与品种上满足装备使用与维修要求；二是保障资源的设计与装备相互匹配，这两方面都需要通过保障性分析和保障资源的设计与研制来实现。由于保障资源的复杂性，保障资源的研制需要使用方与承制方的有效协调和实施科学管理方能顺利实施。

2. 保障性与综合保障工程

保障性作为装备的一种固有属性，并不会自然而然地形成，需要在装备寿命周期过程中通过一系列的工程和管理活动使装备具有这种特性，这项工作就称之为综合保障工程。综合保障工程（Integrated Logistics Support，ILS）是指为满足装备战备完好性要求和降低寿命周期费用，在装备设计中综合考虑保障问题，确定合理的保障性要求，规划并研制保障资源，及时提供装备所需保障条件并对保障性进行评价等一系列管理和技术活动。这一系列的管理和技术活动要达到两个目标：一是通过开展综合保障研究和管理工作对装备设计施加影响，使装备设计得便于保障；二是通过综合保障工作达到系统协调，为主装备提供经济而有效的保障资源并建立相应的保障系统，使所部署使用的装备可以得到高效的保障。根据美国国防部 1983 年发布的 DoDD5000.39 指令《武器装备和设备综合保障工程的采办与管理》，综合保障工程主要完成四个方面的工作：① 在装备设计中，综合考虑保障问题；② 制定、设计、优化与战备完好性相关的各项保障要求；③ 获取所需要的保障资源；④ 在使用阶段以最低费用提供所需要的保障。

3. 综合保障工程的组成

综合保障工程既涉及与保障有关的装备设计问题，又有大量保障资源的研制问题，而且要将这些问题综合集成，所以综合保障工程是一个有很多专业组成的综合性学科。这里所说的专业是指承制方或订购方进行综合保障工作所需的内部各种不同工作门类的专业分工，它是根据综合保障工程设计的工程与技术特点来划分的，通常将这些专业分工称为综合保障要素。一般可将综合保障要素分为保障资源要素和技术与管理要素两大类，每类要素又有各自不同的组成。

（1）保障资源要素。

① 人力和人员（Manpower and Personnel），指使用与维修装备所需人员的数量、专业和技术等级，以及这些人员的考核和录用。

② 供应保障（Supply Support），指规划、确定、采购、储存、分发并处置备件、消

耗品的过程，它是综合保障工程中影响费用和效能的重要专业工作。

③ 保障设备（Support Equipment），指使用与维修装备所需要的设备，包括测试设备、维修设备、试验设备、计量设备、校准设备、搬运设备、拆装设备、工具等，这些设备可以是活动的、固定的、通用的或专用的。

④ 技术资料（Technical Data），指使用与维修装备所需的说明书、手册、规程、细则、清单、工程图样等资料的统称。

⑤ 训练与训练保障（Training and Training Support），指训练装备使用与维修人员的活动，以及所需的程序、方法、技术、教材和器材等。

⑥ 计算机资源保障（Computer Resource Support），指使用与维修装备中的计算机所需的硬件、软件、文档、人力和人员等。

⑦ 保障设施（Support Facilities），指使用与维修装备所需的永久和半永久性的建筑物及其配套设施。

⑧ 包装、装卸、储存与运输（Packing, Handling, Storing and Transportation），指为保证装备、保障设备、备件等得到良好的包装、装卸、储存和运输所需要的程序、方法及资源等。

（2）技术与管理要素。

① 规划保障（Support Planning），指从确定装备保障方案到制订装备保障计划的工作过程，既包括规划使用保障，又包括规划维修保障。

② 设计接口（Design Interface），指产品战备完好性要求、保障性设计要求和保障资源要求之间的相互关系，在协调上述关系时，保障性设计要求应采用使用参数和使用值表示。

需要指出的是，综合保障要素并不只局限于上面所列的项目，它是可以根据需要进行增加或裁减的。例如，美国空军将能源管理、保障资源拨款和信息管理周期列入综合保障工程的组成部分，而陆军某些装备将生存性作为专门问题单独提出来研究，也有将综合保障的试验与评价作为一个要素的。总之，可根据工程管理的具体特点对综合保障要素进行符合实际需要的划分。

4. 综合保障工程的发展

20 世纪 60 年代中后期，美军率先开始了装备综合保障工程方面的研究与实践。美军首先认识到，随着装备结构的复杂化和功能的多样化，装备先进的战术技术指标，已经不再是唯一的主导要素，装备的质量和保障能力对装备使用效能具有同样至关重要的作用，必须在装备研制过程同时给予考虑。到 20 世纪 90 年代，ILS 得到进一步的发展。1991 年美国国防部发布指令 DoDD5000.1《国防采办》，对装备采办政策进行了调整。这一指令将国防采办划分为 16 大部分，其中将可靠性、维修性、安全性、生存性等列入工程制造部分加以表述，而把综合保障工程列入其他基础设施中的首要环节加以处理。可以说，该指令是多年来美军成功地开展综合保障工程的工作总结和后续装备研制过程中综合保障工程发展政策的指导性纲领。

20 世纪 80 年代末，综合保障工程的概念由国外引进，我国正式提出了装备及其配套的保障资源要成套论证、成套研制、成套生产、成套验收和成套装备部队的要求，以及系统同步发展建设的政策，颁布实施了与综合保障工程有关的国家军用标准，如《装备保障性分析》《装备综合保障大纲》等。90 年代以后，有关院校开设了综合保障方面的课程，如维修工程、费用分析等，开始进行高层次人才培养工作，并出版相关学术专著，标志着我国综合保障工程逐步由经验阶段走向工程实践与理论研究并重的阶段。

2.4.2　保障性的量度

保障性参数是用于定性和定量地描述装备保障性的参数。由于保障性是装备系统的综合特性，很难用单一参数来评价整个装备的保障性水平，某些保障资源参数也很难用简单的术语来表达。通常保障性参数可以分为保障性综合参数、保障性设计参数和保障资源参数三大类，具体可根据装备特性和使用特点来选用。

1. 保障性综合参数

保障性综合参数是根据装备保障性目标要求而提出的参数，它从总体上反映装备的保障性水平。保障性目标是平时和具体任务工作时的使用要求，通常用战备完好性目标衡量。战备完好性目标值是对装备在平时和任务期间的使用率和完成并保持一系列规定任务的能力进行评估的指标，它的度量值与下列因素有密切的关系：可靠性水平、维修性水平、保障系统特性、保障资源数量与配置等。常用的战备完好性参数有战备完好率、使用可用度、任务成功度、能执行任务率等。

（1）战备完好率（Operational Readiness Rate）。战备完好率是指接到任务命令时，装备能够实施具体任务计划的概率，用 P_{or} 表示。它表示当要求装备投入任务工作时，装备能够执行任务的概率。

战备完好率与装备的使用和维修情况有关，当装备在执行任务前没有发生需要进行修理的故障，即装备立即可以投入具体任务，或者当装备在执行任务前发生故障，但维修时间短于装备再次投入具体任务所需的时间，装备有足够的时间进行维修以投入下一次任务，在这种情况下，装备的完好率为

$$P_{or} = R(t) + Q(t) \times P(t_m < t_d) \tag{2-69}$$

式中　$R(t)$ ——前一项任务中无故障的概率；

　　　$Q(t)$ ——前一项任务中发生故障的概率，$Q(t) = 1 - R(t)$；

　　　t ——任务持续时间；

　　　$P(t_m < t_d)$ ——系统的维修时间 t_m 小于到下一项任务开始所需时间 t_d 的概率。

（2）使用可用度（Operational Availability）。使用可用度体现了装备战备完好性水平和装备可靠性水平、维修性水平、所规划保障资源的满足及适用程度之间的关系。使用可用度的量值，一般是根据具体任务与使用要求，比较同类装备的使用水平而提出的。这个度量值应当在装备论证阶段就初步制定，在方案阶段逐步明确，最终在工程研制阶

段前与其他保障性有关的参数协调后确定。

（3）任务成功度（Mission Success）。指任务成功性的概率度量。任务成功性是指装备在任务开始时处于可用状态的情况下，在规定的任务剖面中的任一随机时刻，能够使用且能完成规定功能的能力度量。

（4）能执行任务率（Mission Capable Rate）。指装备在规定的时间内至少能够执行一项规定任务的时间与其执行任务的总时间之比，其值为能执行全部任务率与能执行部分任务率之和。能执行全部任务率指装备在规定的时间内能够执行全部规定任务的时间与其执行任务的总时间之比；能执行部分任务率指装备在规定的时间内至少能够执行一项而不是全部规定任务的时间与其执行任务的总时间之比。

2. 保障性设计参数

保障性设计参数是与装备保障性设计有关的参数，这些参数是确定保障资源的重要依据，如可靠性、维修性、维修工时率、故障检测率、故障隔离率、运输性要求等。保障性设计参数和量值有时可以直接从保障性综合参数指标分解中得到。

3. 保障性资源参数

保障性资源参数应根据装备的实际保障要求而定，通常包括人员的类型、数量与技术等级要求等，保障设备与工具的类型、数量、主要技术指标等，备件的种类、数量、订货、装运时间、补给时间、补给率等，模拟与训练器材的类型、技术指标等，场地设施类别与利用率等。

2.4.3 保障性管理

装备保障性的系统管理是通过综合保障工程来实现的。综合保障工程就是一种系统工程管理活动，贯穿装备寿命周期全过程，基于综合保障计划（Integrated Logistics Support Plan，ILSP）而展开。ILSP 是一个为实现新研装备保障性要求和综合保障目标而进行的各项工作活动的简明指南，也是与综合保障有关各专业工程和综合保障工程内部各专业工作协调活动的总纲领，集中反映了使用方对综合保障的基本观点和要求。

综合保障工程的主要内容是装备的使用与维修保障。使用保障是指为保证装备正确操作使用和充分发挥其任务性能所进行的一系列工作，如装备使用前的检查、装备的操作技术、装备的储存与运输等。维修保障是指为保持和恢复装备完好的技术状况所应进行的所有保障工作，如装备的计划与非计划修理、任务抢修、器材供应等。综合保障工程对装备在研制过程中的使用和维修保障的考虑主要包括：① 装备要具有良好的使用性和可维修性，且需要的操作人员要尽量少，并易于更替补充；② 装备所需能源和维修备件的配套定额及供应方案应力求标准化，以便迅速有效地供应；③ 编制简明、准确、可操作性强的使用和维修技术文件，以便于操作和统一维修要求；④ 制订合理的维修保障方案，以便规划维修所需的资源和保障要求；⑤ 力求减少预防性维修的工作量，特别是基层级的预防性维修，以减少维修停机时间；⑥ 装备运行与维修所需的配套工具及设备要尽可能地通用和简易，且便于使用、携带和运输；⑦ 装备应适合于规定的运输方式与运输工具，且能合理、方便地储存，并保证质量完好；⑧ 配备有适合装备使用和维修的设施及相应的维修设备。保障性系统管理的主要工作流程总结起来就是如下 5 点。

1. 尽早提出并不断完善综合保障计划

装备研制过程中，应制订一份详尽的综合保障计划，用于在装备系统的寿命周期对整个综合保障工作过程实施监督管理，保证装备及其保障系统两者相互匹配。一方面将保障要求及时纳入设计，另一方面及时提供需要的保障系统。从装备论证开始，首先把订购方提出的装备使用需求、平时与任务进行时的装备完好性目标、综合保障要素等要求作为开展综合保障工作的基础。承制方在与订购方充分商讨的基础上，在装备论证阶段就应当草拟出综合保障计划，并随着装备研制的进展不断对该计划加以细化、扩展和完善，然后在进入生产阶段前完成全部的计划修订工作。必要时，还应根据装备使用与部署阶段实施保障的效果，再对计划做出局部修正，以争取获得最佳的保障效能。

2. 落实保障资源研制费用

将保障资源研制工作提前到与装备研制同步进行，实质上是赋予承制部门双重研制任务。保障资源研制所需支持经费数目可观，必须给予相应的保证，在装备研制的同时就投入足够保障资源的研制经费，使装备及其保障资源的同步研制与规划能同步落到实处，从而建立起高效的保障系统，以大大减少装备使用中的保障费用。

3. 及时规划、配备综合保障人员

实施综合保障工程，人是决定性因素。订购方和承制方都应着力培养综合保障工程人员，以便在装备研制过程中开展综合保障工作，承制方应根据研制项目的规模，及早规划、配备一定数量的综合保障人员。

4. 在产品研制各阶段，反复进行保障性分析

保障性分析主要研究保障问题对装备设计的影响从而确定保障资源。保障性分析按照装备结构的分解层次，从保障系统到保障资源逐渐深入；随着信息的逐渐准确与细化，分析也由粗到细，并与装备研制各阶段的进度相适应。通过迭代分析不断修正分析结果，确定所有重要的设计问题，并提出解决办法；及时发现保障方面的缺陷，并提出改善措施；优化装备和保障系统的设计与研制，以达到费用、进度、性能与保障性的最佳平衡。

5. 同步进行保障资源规划与研制，建立完善保障系统

保障资源包括保障设备、设施、备件等物资资源，人员及其专业技术等人力资源和技术手册、计算机软件等信息资源。通过信息资源将物资资源、人力资源与装备有机结合，通过保障性分析明确装备保障要求，在充分考虑利用使用单位现有保障资源的前提下，同步开展装备和保障资源的研制。将装备设计成能保障的、便于保障的，将保障资源设计得经济而有效，建立起符合装备运行维护需求的完善保障系统是保障性管理的最终目标。

2.5 安全性

2.5.1 安全性的定义

安全性是装备所具有的不导致人员伤亡、系统毁坏、重大财产损失、环境污染和不危及人员健康的能力。安全性是各类装备都具有的、通过设计赋予的一种固有属性，与可靠性、维修性和保障性等密切相关，是各种装备必须满足的首要设计要求。

2.5.2 安全性的相关概念

（1）危险：可能导致事故的状态或情况。危险是事故发生的前提或条件，可以用危险模式或危险场景来描述。

（2）危险控制：将发生危险事件的风险保持在可接受极限水平之内的过程，包括制订待实施的工程技术与管理决策，及时实施危险减少与消除措施，并监控控制措施的有效性。

（3）残余危险：采取危险消除、减少等措施之后，系统虽满足安全性要求，但系统中仍存在的、不能或不打算采取进一步安全性改进措施的危险。

（4）安全可靠度：在规定的一系列任务剖面中，不发生由于系统或其设备故障造成灾难性事故的概率。

2.6 环境适应性

2.6.1 环境适应性的定义

环境适应性是装备在其寿命周期内预计可能遇到的各种环境作用下能实现其所有预定功能和不被破坏的能力，是各类装备都具有的、通过设计赋予的一种固有属性，它是装备的重要质量特性之一。

2.6.2 环境适应性的相关概念

（1）自然环境：在自然界中由非人为因素构成的那部分环境。

（2）诱发环境：任何人为活动、平台、其他设备或设备自身产生的局部环境。

（3）平台环境：装备连接或装载于某一平台后经受的环境，平台环境会受平台及其控制系统诱发或改变的环境条件的影响。

2.6.3 环境适应性设计

1. 基本思路

增强装备环境适应性能力的设计思路有两个基本方向：① 改善环境或减缓环境影响；② 选用耐环境能力强的结构、材料、元器件和工艺等。

同时，环境适应性设计应与环境适应性研制试验、使用环境试验、自然环境试验和其他工程研制试验紧密结合，充分利用试验信息，对所发现的环境适应性薄弱环节采取设计措施加以纠正。

2. 设计要点

（1）在装备设计过程中应根据环境适应性要求，参考相应的环境适应性设计手册，采用适当的技术和方法使装备达到规定的环境适应性水平。

（2）依赖成熟的环境适应性设计技术。

（3）合理、适当的设计余量。

（4）具备防止瞬态过应力作用的措施。

（5）选用耐环境能力强的零部件、原材料。

（6）采用改善环境或减缓环境影响的措施，如冷却、减振、保温等。

（7）严格环境防护设计，如涂层保护、密封设计等。

思考题

1. 装备的六大固有特性分别指什么？

2. 简述 $\lambda(t)$ 与 $R(t)$、$F(t)$ 和 $f(t)$ 的概念和相互之间的关系。

3. 简述维修性的主要参数。

4. 某装备的平均修复时间 $t=40$ min，方差 $\sigma^2=0.64$，维修时间服从正态分布，求维修度为 98% 的修复时间。

5. 某机件的修复时间数如表 2-1 所示，试求其 $M^*(t)$，$m^*(t)$ 及平均修复时间。

表 2-1　某机构的修复时间

时间间隔/h	0~1	1~2	2~3	3~4	4~5	5~6	6~7	7~8	8~9	9~10
修复次数	1	4	4	2	5	8	10	2	4	1

6. 为使故障率为 3×10^{-4}/h 的系统的稳态有效度为 99.9%，则修复率 μ 及 MTTR 为多少？

7. 某可修复设备工作到故障的时间（h）是 16，29，50，68，100，130，140，190，220，270，280，350，410，450；对应的修复时间（h）是 14，8，6.5，40，10，17，22，35，35，21，22，8，28，21；二者均服从指数分布，试求 $MTTF^*$，$MTTR^*$，经验稳态可用度，10 h 的经验可靠度、经验维修度及经验可用度。

8. 设某产品的故障分布函数为 $F(t)=1-e^{-\left(\frac{t}{\eta}\right)^m}$（$t\geqslant0$，$\eta>0$），试求此产品的可靠度函数和故障分布密度函数。

9. 从一批产品中取 100 个样品进行试验，第 1 个小时内有 8 个故障，第 2 个小时内有 2 个故障，在第 3 个小时内有 5 个故障，第 4、第 5 个小时内各有 4 个故障。试估计产品在 1 h、2 h、3 h、4 h、5 h 时的可靠和故障分布函数。

10. 对 100 台电子设备进行高温老化试验，每隔 4 h 测试一次，直到 36 h 后共有 85 台发生了故障，具体数据统计如表 2-2 所示。试估计 t=0 h、4 h、8 h、12 h、16 h、20 h、24 h、28 h、32 h 时的可靠性函数值，并绘制出该设备的可靠度、故障分布函数、故障分布密度、故障率曲线。

表 2-2　试验统计数据

测试时间 t_i /h	4	8	12	16	20	24	28	32	36
Δt_i 内故障数	36	19	10	9	2	4	2	2	1

11. 某两种机件的维修时间服从指数分布，一种机件的 $MTTR$=1 h，另一种机件的 $MTTR$=2 h，试分别计算其中位修复时间 $t_{0.5}$、最大维修时间 $t_{0.95}$。

第3章

以可靠性为中心的维修理论

维修理论是研究装备维修的本质和规律的理论，它是在维修思想的观点及观念体系的基础之上，由维修实践概括出来的维修科学知识的系统性结论。当前，维修理论的核心内容是以可靠性为中心的维修理论（RCM）。RCM 认为，装备的可靠性既是确定维修需求的依据，又是维修工作的归宿，维修工作必须围绕可靠性需求来开展，一切维修活动，归根到底都是为了保持和恢复装备的可靠性。

3.1 RCM 维修理论的形成与发展

3.1.1 维修理论的基本概念

1. 维修理论的含义

维修理论是研究装备的故障本质及其预防和修复规律的理论，包括维修设计理论、维修技术理论和维修管理理论。维修理论是建立在概率统计、可靠性工程、维修性工程、综合保障工程、系统工程、工程技术经济、断裂力学、故障物理、故障诊断、维修工艺和现代管理理论等现代科学基础上的一门综合性工程技术应用理论，用于指导装备全寿命周期的维修优化，以获得最佳维修效益，保证装备使用中的可用性、可靠性和安全性。

2. 维修理论的内容

维修理论的内容，包括维修设计理论、维修技术理论和维修管理理论三个方面：

（1）维修设计理论，是关于装备维修品质及其保障性设计、采购和供应的理论，主要包括可靠性和维修性设计理论、维修保障设计理论、维修工效学、维修心理与行为学等。

（2）维修技术理论，是用于指导维修阶段技术活动的理论，由维修分析技术理论和维修作业技术理论两部分组成。维修分析技术理论主要包括维修作业分析、维修级别分析、损伤评估与修复分析、寿命周期费用分析等理论。维修作业技术理论主要包括现场故障诊断、损伤智能修复、使用寿命预测、现场抢修、表面工程技术、特种表面涂层修复和软件维修等理论。

（3）维修管理理论，是对维修过程中的各个环节和人、财、物、时间、信息等要素进行计划、组织、控制的理论。它主要包括维修计划管理、维修费用管理、维修信息管理、维修器材管理、维修质量管理、维修安全管理等理论。

3.1.2 RCM 维修理论的形成

1. 传统的维修观念

18 世纪末，蒸汽机、车床等机器设备的大量使用，需要有维修人员在工作现场随时应付可能发生的故障和由此引起的生产事故，机器设备实行"不坏不修，坏了才修"的事后维修。20 世纪初，出现流水生产线，某一工序发生故障，造成停机，则会迫使全线停工。为了使生产不致中断，1925 年美国首先实行预防性的定时维修，事先采取适当的维修活动，主动防患于未然，以预防故障和事故的发生。这种定时维修方式在减少事故和停机损失上明显优于"不坏不修，坏了才修"的事后维修，迅速传遍世界各地，在设备维修领域中占据了统治地位。飞机和火车是最早实行定时维修的重要装备，定时维修方式曾经为保障飞机和火车的运行安全做出过积极和重要的贡献。

定时维修观念认为，机件工作会磨损→磨损出故障→故障危及安全，到使用寿命必须翻修，翻修得越彻底就越安全，维修工作做得越多装备就越可靠。这种维修观念是建立在故障是时间的函数这一认识基础之上的，基本符合当时的装备特性。由于当时飞机的设计和制造比较简单，发动机剩余功率有限，飞机不可能采用多冗余度技术，任何一个机件出了故障都有可能直接危及飞行安全，因而要求维修工作走在故障的前面，采取广泛的维修措施，努力保证航空装备的使用安全。这种维修思想在航空维修业延续了数十年之久，发挥了重要作用，在航空维修发展史上占有举足轻重地位。

20 世纪 70 年代以前，特别是我国空军建军初期，一直贯彻"预防为主"的维修思想，维修方式以定时维修为主。在装备冗余度小、维修手段落后的情况下，为了保证航空装备使用可靠与飞行安全，采取"多做工作勤检查""宁可多辛苦，求得更保险"的办法，进行了大量的预防性维修工作，有力保证了作战、训练各项任务的顺利完成。但这种维修思想，在发挥积极作用的同时，存在维修过度和维修不足的双重矛盾，不仅影响航空装备的出勤、增加资源消耗，而且故障也未见减少，甚至危及飞行安全。因此，随着航空装备的发展，这种维修思想的弊端日渐突出，人们积极开展维修理论创新，诞生了以可靠性为中心的维修理论。

2. RCM 维修理论的产生

航空维修理论的产生与发展是与一定时期航空装备水平和科学技术水平相适应的。20 世纪 50 年代以前，由于航空装备比较简单，航空维修基本上属于一门操作技艺，对维修理论的需求并不迫切。发展到 20 世纪 40 年代至 50 年代，随着第一代超声速战斗机的出现，科学技术创新步伐的加快，航空装备越来越复杂，对航空维修的依赖性越来越大，对航空维修的要求越来越高，原有的维修方式已难以适应日益增长的航空装备使用需求。因此，从 20 世纪 50 年代末，世界各国尤其是美国民航界，运用现代科学理论、技术对航空维修的基本规律做了探索，首次将可靠性理论用于指导航空维修，突破了传统的维修方式。到 60 年代初，形成了以可靠性为中心的维修理论，产生了用逻辑决断图制订预防性维修大纲的方法（即后面的 MSG-1 法和 MSG-2 法），取得巨大成效，使航空维修从技艺发展为科学，从而产生了航空维修理论。

1959 年，美国联合航空公司针对过剩维修提出了"维修效果到底如何"的问题，1960 年美国联邦航空局与联合航空公司组成维修指导小组（Maintenance Steering Group，MSG）开始研究这个问题，1961 年 11 月 7 日颁布了《联邦航空局/航空工业可靠性大纲》（FAA/Industry Reliability Program）。该大纲指出：过去航空维修业界过分强调控制拆修间隔期以达到满意的可靠性水平，然而经过深入研究后可以确认可靠性和拆修间隔期的控制并无必然的直接联系。因此，这两个问题需要分别进行考虑。联合航空公司的赫西和托马斯在研究报告中陈述：根据联合航空公司对多种机件使用经验的分析，结果常常是和浴盆曲线的简单图形相矛盾，其耗损特性往往不存在；在一开始就为新型飞机的机件预定的翻修时限来表示的有用寿命，往往和以后的实际使用经验有很大差别。他们对发动机附件、电子、液压、空气调节等机件的四个系统的研究结果指出：这些机件显示了早期故障后，接着出现均衡的故障率，但并未出现耗损。大多数设备定时翻修对控制可靠性是毫无作用的，即不存在一个"正确"的翻修时限，其结论是：固执地遵守翻修时限概念将引起早期故障增加，在一个机件翻修之后的一个短时间内不能防止故障的发生；使本来有较高翻修时限的某些设备不能充分发挥其使用潜力；妨碍对机件在较长的总使用时间情况下进行可靠性的探索。如果一个机件无耗损，就应该留在飞机上直到发生故障才更换。这种认识是对传统定时维修观念的挑战。

随后，1961 年年底开始对航空发动机进行改进试验，1963 年 2 月又在道格拉斯 DC-8 和波音 720 型飞机上进行试验，发现尽管翻修时限不断延长，但可靠性却并未下降。1964 年 12 月联邦航空局发出 AC120-17 通报，允许使用单位在制订自己的维修控制上有最大的灵活性。

1965 年 1 月，联合航空公司按 AC120-17 通报要求进行"涡轮喷气发动机可靠性大纲"试验，接着航空业界工程师尝试将各种可靠性大纲中所学到的东西综合起来，以研究出一种通用的制订预防维修大纲的方法，即出现了一种"逻辑决断图"方法。1968 年，MSG 发布的《维修评审与大纲制定》，被称为 MSG-1 手册，首次应用了逻辑决断图，首次提出定时、视情和状态监控三种维修方式，并用于制订 B-747 型飞机预防性维修大纲，这是以可靠性为中心的维修实际应用的第一次尝试，且大获成功。例如，对该型飞机每飞行 2 万小时所做的结构大检查只需要 6.6 万工时，而按照传统方法对一架小得多且不怎么复杂的 DC-8 飞机进行相同的结构检查就需要 400 万工时，相差 60 倍。

1970 年，MSG 发布的《航空公司/制造公司的维修大纲制定书》，即 MSG-2 手册，被应用于制定洛克希德 L-1011 和道格拉斯 DC-10 飞机的初始维修大纲，同样非常成功。基于 MSG-2 的 DC-10 飞机维修大纲中只有 7 个机件需要进行定时拆修，甚至涡轮喷气发动机不属于要定时拆修的机件，但是 DC-8 飞机的传统维修大纲需要定时拆修的机件却达到 339 个。因此，实施 MSG-2 不仅大大节省了劳动力和降低了器材备件的费用，而且使送厂拆修所需的备份发动机库存量减少了 50% 以上，这种费用的降低还是在不降低可靠性的前提下达到的。1972 年，欧洲编写了一个类似的文件（EMSG-2，即 European MSG-2）作为制订"空中客车"A-300 型及协和式飞机的初始维修大纲的依据。1974 年，美国陆海空三军全面推广 MSG-2，这意味着航空业界全面认可 RCM 维修理论。

3.1.3 RCM 维修理论的发展

1978 年，美国联合航空公司的诺兰等受美国国防部的委托研究并发表了《以可靠性为中心的维修》专著。该专著对故障形成、故障后果和预防性维修工作的作用进行了开拓性的分析，首次采用自上（系统）而下（部件）的方法分析故障的影响，严格区别安全性与经济性的界限，提出了多重故障的概念，用四种工作类型（定时拆修、定时报废、视情维修、隐患检测）替代原来的三种维修方式（定时、视情、状态监控），重新建立逻辑决断图，使以可靠性为中心的维修理论又向前迈进了一大步，从此人们把制定预防性维修大纲的逻辑决断分析方法统称为 RCM。1980 年，FAA 将 MSG-2 升级为 MSG-3，并应用于波音 757 型和波音 767 型飞机的维修实践中。

1984 年，美国国防部发布指令 DoDD4151.16《国防设备维修大纲》，规定三军贯彻 RCM。1985 年，美国空军颁发 MIL-STD-1843（USAF）《飞机、发动机及设备以可靠性为中心的维修》。1986 年，美国海军颁发 MIL-STD-2173（AS）《海军飞机、武器系统和保障设备以可靠性为中心的维修要求》。1988 年发布 MSG-3 修改 1，1993 年发布 MSG-3 修改 2。1990 年 9 月，在诺兰的指导下，英国阿兰德维修咨询有限公司莫布雷在 RCM 和 MSG-3 修改 1 的基础上，结合民用设备的实际情况，提出了 RCM2，十余年来为 40 多个国家的 1200 多家大中型企业成功地进行了以可靠性为中心维修的咨询、培训和推广应用工作，已在许多国家的钢铁、电力、铁路、汽车、石油、核工业、建筑、供水、食品、造纸、卷烟及药品等行业广泛应用。1999 年，国际电工委员会首次发布以可靠性为中心的国际标准 IEC60300-3-11《应用指南——以可靠性为中心的维修》，它是基于 MSG-3 而制订的。1999 年，汽车工程师学会也发布了以可靠性为中心维修的民用标准 SAEJA1011《以可靠性为中心维修程序评价准则》。

我国空军从 20 世纪 70 年代末开始倡导维修理论研究和维修改革，逐步由单一的定时改为定时与视情相结合的维修方式，延长歼六等 6 种飞机翻修时限，取消 50 h 定检制度，取得了良好效果，随后开始向全军推广。1983 年，我国空军首次确立以可靠性为中心的维修思想。1989 年，我国发布了航空工业标准 HB 6211—1989《飞机、发动机及设备以可靠性为中心维修大纲的制定》，并应用于轰炸机和教练机维修大纲的制定。1992 年，原总后勤部、国防科工委发布国家军用标准 GJB 1378《装备预防性维修大纲的制定要求与方法》，并于 1994 年 3 月颁布了该标准的《实施指南》，指导各类武器装备维修大纲的制定。2001 年，我海军装备部完成《维修理论及其应用研究》项目，深入贯彻以可靠性为中心的维修理论。2002 年，我国空军装备部制定《推进空军航空装备科学维修三年规划》。2003 年，原总装备部对陆军地面雷达等 10 余种装备推广应用以可靠性为中心的维修理论。

我国民航局根据制定运七飞机维修大纲的经验于 1991 年编发了咨询能通告 AC121AA-02《民用航空器维修大纲》。随后又相继制定和审批了 Y7-500、Y8F-100、Y8F-20 和 Y7-200A 等型飞机的维修大纲，还对这些大纲进行了多次修改。除了 Y7-200A 的动力装置是按照 MSG-3 制定、系统大纲是按照 MSG 转换原则制定外，其他都是按照改进的 MSG-2 逻辑方法制定的。航空公司和维修单位也根据 MSG 思想制定并修改了维修方案，飞机的可靠性维修管理在大航空公司得到普遍推广，并取得明显成效。飞机维修停场时间明显降低，波音 737、MD-82 等飞机的 D 级检修一般在 20～30 天，即使波音 747 型飞机的 D 级检修加重大改装也仅需停场 50 多天。1999 年，民航局发布咨询通告 AC-121AA-02R1《维修审查委员会和维修大纲》，该通告使我国 MSG-3 的应用更加制度化，并标志着我国民航在 MSG 维修方面与国际管理规则完全接轨。

自 20 世纪 60 年代美国民航界首先创立 RCM 维修理论以来，经历了怀疑、试验、肯定、推广的过程，50 多年来在指导维修实践的过程中，该理论得到不断完善和发展，已成为现代维修的核心理论。目前，RCM 理论不仅在航空、航天、交通等领域得到广泛而深入的应用，而且也被推广到机械、机电、电器和电子等装备维修领域，效果依然非常显著。

3.2 RCM 维修理论的基本观点

以可靠性为中心的维修，是指按照以最经济的维修资源消耗保持装备固有可靠性和安全性的原则，应用逻辑决断的方法确定装备预防性维修要求的过程。RCM 的维修理论更新了传统的维修观念，它的基本观点与传统维修观念的差异主要体现在以下 8 个方面，见表 3-1。

表 3-1　RCM 维修理论基本观点与传统维修观念的对比

序号	8 个基本观点	RCM 维修理论	传统维修观念
1	辩证地看待定时拆修	设备老，故障不见得就多；设备新，故障不见得就少。只要其机件随坏随修，则设备故障与使用时间一般没有直接的关系。定时拆修不是对付故障的普遍适用的有力武器	设备老就会故障多，设备故障的发生、发展都与使用时间有直接的关系。定时拆修是对付故障的普遍适用的有力武器
2	提出潜在故障概念	有明确的潜在故障观念，视情维修是根据故障发展为功能故障的间隔时间来确定的。如果定时维修和视情维修二者在技术上都可行，则采用视情维修	无明确的潜在故障观念，少量视情维修也往往是根据故障频率或故障危险程度来确定的。如果定时维修和视情维修二者在技术上都可行，则采用定时维修
3	提出隐蔽功能故障概念	有隐蔽功能故障概念，认为隐蔽功能故障与多重故障有着密切的关系，并认识到多重故障的严重后果是有办法预防的，至少可以将多重故障概率降低到一个可以接受的水平，它取决于对隐蔽功能故障的检测频率和更改设计	无隐蔽功能故障概念，不了解隐蔽功能故障与多重故障的关系，并认为多重故障的严重后果是无法预防的，只有听天由命
4	预防性维修不能改变故障后果	预防性维修难以避免所有故障的发生，并且不能改变故障的后果，只有通过设计才能改变故障的后果	预防性维修能够避免所有故障的发生，并且能够改变故障的后果
5	预防性维修不能提高设备的固有可靠性	预防性维修不能提高设备的固有可靠性水平，最多只能保持或达到设备的固有可靠性水平	预防性维修能够提高设备的固有可靠性水平，能够使设备保持做所期望做到的事情
6	不是所有故障都需要预防性维修	只有故障后果严重，且预防性维修工作既技术可行又值得做，才对设备做预防性维修，否则不需要做预防性维修	对可能出现的任何故障都要做预防性维修工作

序号	8个基本观点	RCM 维修理论	传统维修观念
7	预防性维修大纲要不断迭代修订	初始预防性维修大纲应在设备研制的论证阶段就着手制定，并在后续的研制和使用过程中不断地去迭代去修订，才能逐步完善	初始预防性维修大纲是在设备投入使用之后才去制定，一经制定，一般不修订
8	维修和研制两部门需协同完善维修大纲	一个完善的预防性维修大纲不能单独由使用维修部门或研制部门制定出来，只有通过双方长期的共同协作才能完成	一个完善的预防性维修大纲能单独由使用维修部门制定出来

3.2.1 辩证地看待定时拆修

RCM 维修理论认为要辩证地看待定时拆修，老设备的故障不一定多，新设备故障也不一定少，故障的发展、发生和使用时间不一定有直接的关系。

对于简单设备，RCM 和传统维修观念都认为定时拆修对故障预防是有作用的。因为：

（1）简单设备故障的发生、发展与使用时间有直接的关系，设备老，则故障通常会更多些。

（2）每个设备都存在使用寿命的问题，超过使用寿命以后，设备便进入耗损故障期，故障就会增多，即认为每个设备在使用中都有一个可以找到的但不可超过的"正确"拆修寿命，到达这个寿命就必须停止使用，进行定时拆修，以便减少故障，保证使用的安全性。

（3）拆修间隔期的长短是控制故障的重要因素，拆修得越频繁、越彻底，故障发生的可能性就越小，这是对付故障普遍适用的有力武器。

对于复杂设备，传统维修观念仍然把它当作简单设备来对待，这显然是违背科学维修精神的。而 RCM 则认为复杂设备的故障是随机发生的，故障与使用时间没有直接关系，定时拆修对复杂设备的故障预防几乎不起作用。因为：

（1）复杂设备的故障是由许多不同的故障模式造成的，每一种故障模式都可能在不同时刻随机发生。

（2）在使用过程中如果能够对出现的故障及时排除，则复杂设备总的故障率仍为常数，复杂设备的使用时间较长也不存在耗损故障期。

（3）除非有一种能在拆修中消除某种占支配性的故障模式，即会引起复杂设备大部分故障次数的某种故障模式，否则定时拆修对复杂设备的故障预防不起作用，不存在"正确"拆修寿命的说法，当然也不必规定使用寿命。

我们可以看到 RCM 维修理论是传统维修观念随着维修设备的不断复杂化而发展起来的，曾经以简单设备为主的维修工作，根据传统维修观念开展定时拆修不足以面对当前越来越复杂的航空设备和空管装备，我们必须要用 RCM 的维修观点来辩证地看待定时

拆修的作用。对于简单设备，定时拆修仍然是对付故障的有效手段。而对于复杂设备，定时拆修不仅对控制故障没有作用，反而会给使用中本来稳定的设备带来早期故障和人为差错故障，一些故障恰恰是为了预防故障所进行的维修工作而引起的，结果增大了总的故障率，客观上帮了倒忙，因此定时拆修不是对付故障普遍适用的有力武器。

3.2.2 提出潜在故障概念

1. 潜在故障、功能故障及视情维修

潜在故障是指装备或机件即将发生功能故障的可鉴别状态；功能故障（简称故障）是指装备或机件已经丧失规定的功能。其中，潜在故障概念是 RCM 维修理论首先创立提出的，它为视情维修的开展奠定了基础，是对现代维修理论的一个重大贡献。视情维修是当装备或其机件有功能故障征兆时即进行拆卸维修的方式，它可使装备在不发生功能故障的前提下得到充分地利用，达到安全、经济使用的目的。

潜在故障的"潜在"二字包含两重含义：① 潜在故障是指功能故障临近前的状态，而不是功能故障前任何时刻的状态；② 这种状态经观察或检测是可以鉴别的。如果不符合这两点，那么装备就不存在潜在故障。

传统维修观念有两方面认识：① 无明确的潜在故障的概念，少量的视情维修往往是根据故障频率或故障危险程度来确定的，并直观认为故障经常出现的就应该经常去检查、故障危险程度大的更应该多加检查；② 过分夸大定时维修的作用，误认为定时维修是对付故障最有效的武器，当定时维修和视情维修二者在技术上都可行时，优先采用定时维修。这两方面认识使维修人员企图以多做维修工作来对付故障，从而导致维修工作陷入盲目被动的局面。其实，设备的故障率不是随使用时间而变化时，或者随着使用时间的增加而降低时，实施定时维修是没有意义的。然而故障发生的影响是不容忽视的，不采取一定的维修措施当然是不行的。

预防故障，应当加强维修工作的针对性，而不能简单粗暴地采用加大维修工作量的方法。RCM 维修理论是根据潜在故障发展为功能故障的间隔期来确定视情检测间隔期的，以确保潜在故障能够检测出来，从而防止功能故障的出现。并且 RCM 维修理论不是定时维修优先，而是视情维修优先，因为采用视情维修，意味着每一个机件都能实现其几乎全部有用寿命，达到经济使用的目的，也意味着能用鉴别潜在故障的办法来防止功能故障的出现，达到安全使用的目的，并且能够减少大量定时拆修的工作量。所以视情维修才是对付故障最有效的武器，当定时维修和视情维修二者在技术上都可行时，应该优先采用视情维修，维修的工作重点应当放在扩大视情维修上。

2. 潜在故障检测

以可靠性为中心的维修理论开展视情维修的依据是绝大多数机件的故障模式有一个发展的过程，故障不是瞬间突然出现的，并且在机件尚未丧失其功能之前是有征兆可寻的，可根据某些物理状态或工作参数的变化来判断其功能故障是否即将发生。例如，飞机轮胎磨损发生故障之前，会先磨去胎面胶，并露出胎身帘线层，如果在临近发生功能故障之前将其更换或修理，那么就可以防止功能故障的发生或避免功能故障的后果。

装备的机件、零部件、元器件的磨损、疲劳、腐蚀、老化、失调等故障模式大都存在由潜在故障发展到功能故障的过程，检测机件潜在故障的工作即为视情维修，其目的在于发现潜在故障，以便预防功能故障。这种工作是对机件状态的定量检测，通常要使用仪器设备，并要求有明确的潜在故障和功能故障的定量判据。

由潜在故障发展到功能故障的过程如图 3-1 所示，其中 A 点为故障开始的发生点，P 点为能够检测到的潜在故障点，F 点为功能故障点，T 为由潜在故障发展到功能故障的时间隔期，T_c 为视情维修检测的间隔期。由此可见，视情维修的检测间隔期 T_c 只有小于 T 时才有可能在功能故障发生前检测到潜在故障，一般 T_c 应为 T 的几分之一，通常要在 T 时段内做多次检测，以防漏检。但是检测过于频繁又会浪费资源，所以需要综合权衡来确定 T_c 的值。视情维修要求第一次检测间隔期要长到能发现恶化的某种实际迹象，而重复检测间隔期要短到能保证在功能故障出现之前检测到潜在故障。

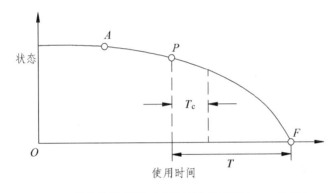

图 3-1　潜在故障发展到功能故障的过程（P-F 曲线）

通常人们习惯用感官（如视觉、听觉、触觉、嗅觉）来检测潜在故障，其优点在于检测潜在故障的范围广泛，缺点在于检测不够精确。尤其是潜在故障还处于早期阶段时，潜在故障状态与正常状态的偏差比较小，往往会超出人的感官所能感知的范围。为了尽早准确地检测出潜在故障，常常需要借助各种仪器设备，如铁谱仪、滑油光谱仪、振动监测仪、无损探伤仪、发动机状态监控设备等。由于检测和诊断方式的不同，同一故障模式在功能故障之前可能有几个潜在的故障点。

如图 3-2 所示，这是一个滚动轴承的磨损故障模式，在功能故障之前就存在好几个潜在故障点。其中，A 点为故障开始发生点，P_1 为振动分析检测出的振动特性发生变化的潜在故障点，P_2 为油质分析检测出的潜在故障点，P_3 为噪声分析检测出的潜在故障点，P_4 为手摸发热的潜在故障点，F 为功能故障点。在出现功能故障之前，要尽量采用不同的手段检测相应的潜在故障点，以达到避免出现功能故障的目的。

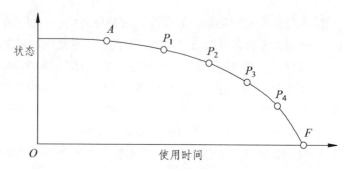

图 3-2　同一故障模式在功能故障前的不同潜在故障点

3. 故障间隔时间分析

RCM 维修理论认为：如果能在故障发生之前，通过检测或状态监视，在装备运转过程中及时发现潜在故障，那么使装备的故障率趋于零的理想预防性维修完全是可能的，这主要取决于所采用的检测手段、诊断方法和技术水平。这时装备的平均故障间隔时间为

$$\bar{t} = \frac{1}{\lambda} = \frac{T_d + (1-p)T_f}{1-p} \qquad （3-1）$$

式中　$\bar{t}$——设备采用视情维修后的平均故障间隔时间；

　　　λ——设备采用视情维修后的故障率；

　　　p——检测出潜在故障的概率；

　　　T_d——设备在潜在故障前的平均工作时间；

　　　T_f——设备从潜在故障到功能故障之间的平均工作时间。

当 $p=0$ 时，即完全不进行视情维修，等到故障后才进行修复性维修，则 $\bar{t}=T_d+T_f$；当 $p=1$ 时，即 100%地检测出潜在故障，使故障率 $\lambda \to 0$ 或 $\bar{t} \to \infty$，即达到理想预防性维修的境界。

3.2.3　提出隐蔽功能故障概念

RCM 维修理论提出了隐蔽功能故障的概念，即正常使用设备的人员不能发现的功能故障。可以分为两种情况：① 正常情况下工作的设备，其功能故障对于正常使用设备的人员是不明显的；② 正常情况下不工作的设备，使用时是否良好，对正常使用设备的人员是不明显的。例如，一些动力装置的火警探测系统属于第一种情况。在该系统中，只要动力装置在使用，它就在工作，但其功能对正常使用动力装置的人员是不明显的；如果它出了某种故障，探测不到火灾，则该故障就是隐蔽的。而配合火警探测系统的灭火系统属于第二种情况。除非探测到了火警，否则灭火系统是不工作的，只有当需要使用它时，使用人员才会发现它能否工作。

多重故障是指由连续发生的两个或两个以上独立故障所组成的故障事件，它可能造成其中任一故障不能单独引起的后果。多重故障与隐蔽功能故障有着密切的关系。如果隐蔽功能故障没有及时被发现和排除，就会有造成多重故障的可能性，并产生严重后果。

例如，前面说到的火警探测系统和灭火系统的故障都是隐蔽功能故障，如果使用时故障连续发生并有火灾，则后果是非常严重的。

现在以由在用电台 A 和备用电台 B 组成的通信系统为例来解释隐蔽功能故障和多重故障的含义。如果备用电台 B 发生了故障，在电台 A 无故障的情况下我们不会意识到电台 B 已经发生了故障。换言之，只有到电台 A 也发生故障时，电台 B 的故障才会对整个通信系统产生直接影响。电台 B 显示出的隐蔽功能故障有两个特征：① 故障本身在正常情况下对正常使用电台的人员是不明显的；② 只有电台 A 也发生了故障，或者有人定期检查电台 B 是否处于工作状态时，才会发现电台 B 有故障。当电台 B 处于故障状态时，电台 A 的故障就被称为多重故障。

例 3.1 某被保护装备及保护装置正常工作的概率均为 0.99，试问其多重故障的概率是多少？若保护装置有隐蔽功能故障且未排除，则其多重故障的概率又是多少？

解： 根据已知条件，设 $A(\overline{A})$ 为被保护装备的正常工作（故障）事件；$B(\overline{B})$ 为保护装置的正常工作（故障）事件；$P(\overline{A})$ 为被保护装备的故障事件的概率；$P(\overline{B})$ 为保护装置的故障事件的概率；$P(\overline{AB})$ 为多重故障事件的概率。当 A 和 B 两个事件相互独立时，有

$$P(\overline{AB}) = P(\overline{A})P(\overline{B})$$

$$P(\overline{A}) = P(\overline{B}) = 1 - 0.99 = 0.01$$

故多重故障概率为

$$P(\overline{AB}) = P(\overline{A})P(\overline{B}) = 0.01 \times 0.01 = 0.0001$$

当保护装置有隐蔽功能故障而未被排除时，$P(\overline{B}) = 1$，故多重故障概率：

$$P(\overline{AB}) = P(\overline{A})P(\overline{B}) = 0.01 \times 1 = 0.01$$

即多重故障的概率由原来的万分之一上升到了百分之一。由此可见，及时检查并排除保护装置的隐蔽功能故障是预防多重故障严重后果的必要措施。

需要付出多大的代价来检查和排除隐蔽功能故障取决于多重故障的后果。传统维修观念无隐蔽功能故障概念，不了解隐蔽功能故障与多重故障的关系，并认为多重故障的严重后果是无法预防的，只能听天由命。而以可靠性为中心的维修理论提出了隐蔽功能故障的概念，指出隐蔽功能故障与多重故障之间有非常密切的关系，认为多重故障的严重后果是可以预防的，至少可以将多重故障的发生概率降低到更低的水平，这取决于对隐蔽功能故障的检测频率和对设计方案的更改。

3.2.4 预防性维修不能改变故障后果

故障一旦发生，有的会造成严重后果，如装备毁坏、人员伤亡或环境严重污染等；而有的只是会产生经济损失，后果并不严重。其实，人们对故障关心的实质是关心它所产生的后果。因此预防故障的根本目的不在于预防故障本身，而在于避免或降低故障的严重后果。是否进行预防性维修，不是受某一种故障出现频率所支配的，而是受故障后

果的严重程度所支配的。

传统维修观念过高地估计了预防性维修的作用，认为只要认真地做好预防性维修工作，就可以确保"万无一失"，就能够避免所有故障的发生，甚至能够改变故障的后果。事实上，故障是难以完全避免的，特别是早期故障和偶然故障，是不可能靠预防性维修工作来全部预防的。预防性维修仅仅能够预防故障出现的次数，从而降低故障发生的概率，但是不能改变故障的后果。

1978 年，诺兰发表的 RCM 逻辑决断法将故障的后果分为安全性及环境性后果、隐蔽性后果、使用性后果和非使用性后果四大类。

（1）安全性及环境性后果：安全性后果是指故障造成人员伤亡、装备严重损坏的后果；环境性后果是指故障导致违反国家环境保护要求的后果。

（2）隐蔽性后果：隐蔽性后果是指一个隐蔽功能故障和另一个或几个功能故障结合所产生的多重故障所造成的影响。隐蔽功能故障本身对设备没有直接的后果，只是有能增大多重故障概率的间接后果，但多重故障一旦发生，往往具有安全性和环境性等严重后果。

（3）使用性后果：故障造成装备的使用能力或生产能力减弱的影响。这种后果最终体现在经济上，如飞机的故障修理费用和延误航班所造成的经济损失。

（4）非使用性后果：故障不带来安全性、环境性和使用性后果，只涉及修复性维修费用的影响，这种后果最终也体现在经济上。

故障后果的改变，不决定于维修而决定于设计。预防性维修可以降低故障发生的概率，但不能改变故障的后果。具有安全性及环境性后果的故障一旦发生，所造成的影响仍然是安全性和环境性的。对具有安全性及环境性后果的故障进行更改设计，如采用冗余技术或损伤容限设计，使其不再具有安全性或环境性的后果；也可通过增加安全装置的设计更改，把故障发生的概率降低到一个可以接受的水平。对具有隐蔽性后果的故障，可以用明显功能代替隐蔽功能，使其不再具有隐蔽性的后果；也可通过并联一个甚至几个隐蔽功能，虽然其仍是隐蔽性的，但可以把多重故障概率降低到一个可以接受的水平。对于使用性和非使用性两类经济性后果的故障，可以通过改变设计使其为可以接受的影响更小的经济性后果。

3.2.5　预防性维修不能提高设备的固有可靠性

传统维修观念认为，如果装备的固有可靠性水平有某些不足，只要认真做好预防性维修工作，总是可以进行弥补的。换言之，预防性维修能够提高设备的固有可靠性水平，能够使设备保持做所期望做到的事情。

而 RCM 的维修理论认为，装备的固有可靠性是设计和制造时赋予装备本身的一种内在的固有属性；有效的预防性维修工作能够以最少的资源消耗来保持设备的固有可靠性水平，但不可能超过这个水平；要想超过这个水平，只有重新设计设备。

固有可靠性包括装备的故障模式、故障后果、平均故障间隔时间或故障率、故障察觉的明显性与隐蔽性、抗故障能力及下降速率、安全寿命的长短、预防性维修与修复性维修费用等固有属性。装备本身作为维修对象，其固有可靠性是维修的客观基础，对维修工作的效率和效益具有决定性意义。维修不可能把可靠性提高到固有可靠性水平之上，不能弥补装备固有可靠性的不足，最高只能接近或达到装备的固有可靠性水平。

3.2.6　不是所有故障都需要预防性维修

传统维修观念认为，对可能出现的任何故障都要做预防性维修工作，维修工作做得越细、做得越多，越能够预防故障的发生。但实践证明，无论怎样加大预防性维修的工作量、维修的深度和广度，故障仍旧会发生，甚至装备的总故障率不见下降反而上升，使得"多做维修工作能够有效预防故障"的观念受到严峻挑战。

RCM 维修理论首先是根据故障的后果，然后根据做维修工作既技术可行又值得做来确定是否要进行预防性维修工作。如果不满足该要求，就不做预防性维修工作，而是需要考虑更改设计。"技术可行"是指该类维修工作与装备或机件的固有可靠性特性是适应的；"值得做"是指该类维修工作能够产生相应的效果。

"技术可行"分为定时维修、视情维修和隐患检测三种情况：

（1）定时维修的技术可行：装备或机件必须有可确定的耗损期；大部分设备或机件能工作到该耗损期；通过定时维修能够将装备或机件修复到规定的状态。

（2）视情维修的技术可行：装备或机件功能的退化必须是可探测的；装备或机件必须存在一个可定义的潜在故障状态；装备或机件从潜在故障发展到功能故障必须经历一段较长的时间。

（3）隐患检测的技术可行：指能否确定隐蔽功能故障的发生。

"值得做"也可分为三种情况：

（1）对安全性后果、环境性后果和隐蔽性后果，要求能将发生故障或多重故障的概率降低到规定的、可接受的水平。

（2）对使用性后果，要求预防性维修费用低于使用性后果的损失费用和修理费用。

（3）对非使用性后果，要求预防性维修费用低于修理费用。

故障后果是确定预防性维修工作的一个重要依据。对于后果严重、且技术可行又值得做的才进行预防性维修，否则不做预防性维修或更改设计，如表 3-2 所示。对于一些后果甚微或后果可以容忍的故障，除了日常清洁、润滑之外，不必采取任何预防措施，不必做预防性维修工作，让这些机件一直工作到发生故障之后才做修复性维修工作，这时唯一的代价只是排除故障所需的费用，而机件的使用寿命可以得到充分利用。

表 3-2　预防性维修工作与更改设计的确定

技术可行又值得做	故障后果			
	安全性、环境性后果	隐蔽性后果	使用性后果	非使用性后果
是	预防性维修	预防性维修	预防性维修	预防性维修
否	必须更改设计	更改设计	需要更改设计	宜于更改设计

在多数情况下，机件往往难以开展一种合适的预防性维修工作。这也许是因为故障的后果很轻，以致做维修工作的费用不划算；也许是因为故障的后果严重，而维修工作不能把故障或多重故障概率降低到所要求的水平。此外，像机电、电子、电器等复杂设备，没有证据能表明维修工作会改善其可靠性，而且维修的结果总是可能引入新的故障，因此也不必做预防性维修工作。这就使得不做预防性维修工作的机件数目远远大于需要做预防性维修工作的机件数目。例如，现代飞机的几万个机件中往往只有几百个需要做预防性维修，使得日常维修工作量大幅减少，从而提高了预防性维修工作的针对性、经济性和安全性。

RCM 维修理论的发展，以及状态监控技术和冗余设计技术的广泛应用，从 20 世纪 50 年代中期到 80 年代初，民用运输机预防性维修和修复性维修工作机件数目发生了很大的变化，见表 3-3。

表 3-3　预防性维修和修复性维修数量的变化

年份	运输机	预防性维修		修复性维修（状态监控）/%
		定时维修/%	视情维修/%	
1955	DC-6	100	0	0
1962	B-707、DC-8	50	50	0
1968	B-727、DC-9	35	50	15
1970	B-737、BAC-111	20	40	40
1981	B-747	0.5	16.5	83

3.2.7　预防性维修大纲要不断迭代修订

预防性维修大纲一般包括进行预防性维修工作的项目、维修工作类型、间隔期、维修级别等。如果是飞机的预防性维修大纲，还包括结构项目的检查等级、间隔期和维修级别等。预防性维修大纲是该型装备维修工作总纲领，是编制维修技术规程、修理工艺规程、维修工作卡等技术文件和准备耗材、备件、测试仪表、人力等资源的依据。

传统维修观念重设计轻维修，通常只有在设备研制出来后，甚至投入使用后，才开始考虑维修的问题。因此，初始预防性维修大纲是在设备投入使用之后才去制订，一经制定，一般不修订。

RCM 维修理论认为，使用维修是设计制造的出发点和落脚点，维修工作的内容、时机等决定于设计，预防性维修大纲不能推迟到装备制造出来之后才进行制订，应该在装备研制初期的论证阶段就充分考虑维修的要求，制订出初始的预防性维修大纲，以保证新设备及时投入使用；同时，设备投入使用之前的统计信息总是有先天不足的，因此使用前制订的初始预防性维修大纲一般是不够完善的，需要在后续研制、使用中持续收集数据资料，不断修订才能逐步达到完善。

装备的全寿命期里，在论证阶段就应提出减少或便于维修的设计要求，提出预定的维修间隔期等；在方案阶段开始进行系统级的以可靠性为中心的维修分析（Reliability

Centered Maintenance Analysis，RCMA）；在工程研制阶段，全面展开 RCMA，形成初始的预防性维修大纲，并经过鉴定和审批；在生产和使用阶段，要通过维修实践的检验，暴露问题后再修改维修性设计方案和维修大纲。只有经过反复多次的不断迭代去修订并完善维修大纲，才能使预防性维修工作最终达到提高维修效果、降低维修费用、保证使用安全的目的。

3.2.8　维修和研制两部门需协同完善维修大纲

传统维修观念认为，使用维修部门熟悉维修工作，并且是装备维修任务的具体执行者，因此他们可以单独完成制订预防性维修大纲的工作。多年以来，我国的设备维修大纲基本上都是由使用维修部门自己单独制订的。但是，维修只能在固有可靠性水平的基础上才能施加影响、发挥作用，维修不可能把可靠性水平提高到固有水平之上。如果研制时装备的固有可靠性水平"先天不足"，投入使用后将会"后患无穷"，这时的维修只能面对固有可靠性水平不足所带来的寿命短、故障多、维修频繁、可用率低、费用高等一系列问题。由此可见，使用维修部门难以单独制订出一个完善的预防性维修大纲。

过去，我国的研制部门一般不负责制订预防性维修大纲，但随着市场经济的发展，用户购买新设备时往往要求研制部门提供相应的预防性维修大纲作为供货合同的基本内容，但这并不意味着研制部门就知道用户所要求的各种事项。研制部门虽然掌握装备设计、制造和试验等方面的资料，知道装备的应力和抗力水平，但不可能完全知道今后在使用维修中将会出现的各种问题，特别是一些难以预测的故障模式及其后果。所以，研制部门也难以单独制订出一个完善的预防性维修大纲。

RCM 维修理论认为，装备的固有可靠性水平是由研制部门设计、制造出来的，而这个特性又是靠使用维修部门实施预防性维修工作来保持的，因此固有可靠性水平保持的目标需要研制部门和使用维修部门双方共同努力来实现。由表 3-2 可知，应对不同故障后果的办法有做预防性维修和更改设计两种，具体选择哪一种需要设计研制与使用维修两个部门密切协作来决定。所以，一个完善的预防性维修大纲只有通过使用维修部门与研制部门长期共同协作才能逐步完善。这里的长期共同协作，是指在装备的论证、方案设计、工程研制、生产、使用等阶段的全寿命周期内涉及维修性设计、维修大纲制订、维修方案的实施等工作时维修部门和研制部门都要共同参与、相互支持。

3.3　以可靠性为中心的维修分析

3.3.1　以可靠性为中心的维修分析概述

1. RCMA 的目的

以可靠性为中心的维修分析（RCMA）的目的是通过确定装备适用而有效的预防性维修工作，以最少的维修资源消耗达到如下目标：

（1）保持装备固有可靠性水平和安全性。

（2）确保当装备的安全性和可靠性水平下降时，能将其恢复到固有水平。

（3）对固有可靠性水平不能满足需要的部件，为改进设计提供必要的信息。

2. 实施 RCMA 的要求与时机

以可靠性为中心的维修分析主要用于工程研制阶段，在装备寿命周期各阶段的要求和时机如下：

（1）在论证阶段应提出减少装备维修或便于装备维修的设计要求，确定进行以可靠性为中心的维修分析的准则、预定的装备预防性维修工作间隔期及建议的维修级别等。

（2）在方案阶段开始进行以可靠性为中心的维修分析，并根据具体要求生成初始的预防性维修大纲。

（3）在工程研制阶段全面展开以可靠性为中心的维修分析，在该阶段结束时应提供以可靠性为中心的维修分析结果，并根据具体要求生成预防性维修大纲。

（4）在生产和使用阶段应开展必要的预防性维修工作间隔期探索，按实际使用情况对预防性维修大纲进行修正和完善。

3. RCMA 的基本内容

RCMA 的基本内容包括以下 4 个方面：

（1）系统和设备以可靠性为中心的维修分析。其目的是确定系统及设备的预防性维修要求，包括维修的产品或项目、维修方式或维修工作类型、间隔期、维修级别等，适用于各种类型装备预防性维修大纲的制定，具有通用性。

（2）结构以可靠性为中心的维修分析。其目的是确定结构项目的预防性维修要求，包括检查等级、检查方法、间隔期和维修级别等，通常适用于大型复杂装备的结构部分，包括各承受载荷的结构元件、组件或结构细部等结构项目，如飞机的结构。

（3）区域检查分析。其目的是确定区域检查的产品或项目、间隔期等要求，适用于需要划区进行检查的大型装备，如大型飞机、舰船等。

（4）以可靠性为中心的维修分析结果的组合。将前面三方面分析的结果组合起来形成预防性维修大纲。

对于地面上使用的民航空管装备而言，其结构件大都是按照静强度理论设计研制的，有足够的安全系数，一般不需要进行结构项目和区域检查分析，只需进行系统和设备的以可靠性为中心的维修分析并组合分析结果。

4. 实施 RCMA 前的准备

在实施以可靠性为中心的维修分析时，应首先进行以下准备：

（1）明确实施以可靠性为中心的维修分析的组织机构。

（2）确定进行以可靠性为中心的维修分析的要求和时机。

（3）收集分析对象的相关信息。

（4）确定以可靠性为中心的维修分析的输出形式。

5. RCMA 的输出

（1）以可靠性为中心的维修分析记录。

以可靠性为中心的维修分析过程应全部记录，以评审和监控预防性维修工作的适用性和有效性。以可靠性为中心的维修分析记录应包括以可靠性为中心的维修分析项目清单或重要结构项目清单、故障模式和影响分析表、逻辑决断信息记录表等记录明细以及由其组合而成的装备（初始）预防性维修大纲（或类似文件）。

（2）装备预防性维修大纲。

装备预防性维修大纲是以可靠性为中心的维修分析输出的重要形式之一，一般应包括以下内容：

① 需要进行预防性维修的产品（项目）名称。

② 预防性维修工作类型及其简要说明。

③ 预防性维修工作的间隔期。

④ 实施预防性维修工作的维修级别的建议。

6. RCMA 的组织实施

（1）应由订购方在有关文件和合同中，提出以可靠性为中心的维修分析要求和现行的维修制度、已知和预计的维修资源等约束条件，并负责对承制方的以可靠性为中心的维修分析工作实施有效的监督和控制，对承制方分析的结果进行评审。

（2）应由承制方根据订购方要求实施有关以可靠性为中心的维修分析工作，并对转承制方的以可靠性为中心的维修分析工作实施有效的监督和控制。

（3）应由订购方和承制方双方代表共同组成以可靠性为中心的维修分析的管理组，对以可靠性为中心的维修分析过程进行管理与协调，确保以可靠性为中心的维修分析工作的正确实施。

3.3.2　系统和设备以可靠性为中心的维修分析

系统和设备的 RCMA 适用于确定装备、功能系统、分系统和各类设备以及其他相似产品的预防性维修要求，包括需要进行预防性维修的产品（项目）、工作类型、间隔期并提出维修级别的建议。

1. 所需信息

根据分析进程需要，应收集下列信息：

（1）产品的概况，如产品的构成、功能（含隐蔽功能）和冗余等。

（2）产品的故障信息，如产品的功能故障模式、故障原因和故障影响，产品可靠性与使用时间的关系，预计的故障率，潜在故障判据，产品由潜在故障发展到功能故障的时间，功能故障或潜在故障可能的检测方法。

（3）产品的维修保障信息，如维修的方法和所需人力、设备、工具、备件、材料、油液等。

（4）费用信息，包括产品预计或计划的研制费用、维修费用，以及维修所需保障设备的研制和维修费用。

（5）相似产品上述几方面的信息。

2．一般步骤

以可靠性为中心的维修分析一般应包括下列步骤：

（1）确定以可靠性为中心的维修分析项目，即重要功能产品。

（2）对以可靠性为中心的维修分析项目进行故障模式和影响分析。分析时应重点考虑以可靠性为中心的维修分析项目的功能、功能故障、故障原因和故障影响。

（3）应用逻辑决断图确定预防性维修工作类型。针对以可靠性为中心的维修分析项目各功能故障原因应按逻辑决断图的流程进行分析，选择适用而有效的预防性维修工作类型；对于没有找到适用的和有效的维修工作类型的项目，应根据其故障后果的严重程度确定是否更改设计。

（4）确定预防性维修工作间隔期。应依据零部件及元器件的可靠性数据、类似项目的经验或生产商的建议，确定预防性维修工作的间隔期。对于没有这些数据的，可根据工程判断暂定其初始间隔期。对于有安全性或重大任务性和经济性后果的故障，确定其预防性维修工作间隔期时，应建立相应的模型，定量评估。

（5）建议维修级别。结合装备的使用要求、维修的经济性等条件提出预防性维修级别的建议，除特殊需要外，一般应将预防性维修工作确定在耗费最低的维修级别。

（6）对非重要功能产品，应按以往类似项目的经验或承制方建议，确定是否进行预防性维修工作；如果需要，应确定其所需预防性维修工作类型和间隔期，提出维修级别的建议。

3.3.3　以可靠性为中心的维修分析结果的组合

1．目　的

把分析确定的各项预防性维修工作按间隔时间进行组合，形成以可靠性为中心的维修分析的最终输出，如装备的预防性维修大纲或其他所需的形式等。

2．组合原则

维修工作的组合应遵循下列原则：

（1）应考虑现行的维修制度。

（2）应综合考虑维修工作间隔期的相似性、完成维修工作所需时间的一致性、进行维修所需人员和技能水平的协调性等问题。

（3）具有安全性后果和任务性后果的预防性维修工作组合，组合后的装备维修间隔期应小于预定的间隔期。

（4）具有经济性后果的预防性维修工作组合，组合时应重点考虑维修资源耗费较高的预防性维修工作的间隔期。

（5）当某个或某些产品的维修间隔期过于分散，以致影响装备整体维修间隔期的组合或组合后将导致较大的资源消耗时，应建议对产品改进设计以降低其预防性维修频率，减少资源消耗。

3．基本步骤

以可靠性为中心的维修分析结果的组合步骤如下：

（1）以现行的维修制度和维修工作量大、费用较高的预防性维修工作为基础，确定预定的装备维修间隔期。

（2）根据组合原则，将前述分析确定的各项预防性维修工作按间隔期与相邻的预定间隔期进行组合。

（3）将组合后的预防性维修工作及其间隔期填入相应的汇总表中。

（4）列出每个间隔期上的各项预防性维修工作，并进一步落实成各种维修文件。

（5）在装备投入使用后，应根据预防性维修工作间隔期探索的结果，及时调整项目预防性维修工作类型及其间隔期。

3.4 确定重要功能产品

现代复杂装备是由大量的零部件组成的，对其进行全面的 RCM 维修分析，工作量巨大。事实上，许多产品的故障对装备整体并不会产生严重影响，其故障后果往往只影响事后修理的费用，且该费用通常并不比预防性维修的费用高，因此这些故障发生后能够及时加以排除即可。所以进行 RCMA 时没有必要对所有的产品逐一进行分析，只需要对会产生严重故障后果的重要功能产品或项目（Functionally Significant Item，FSI）需作详细的 RCM 分析，因此要首先确定 FSI。

3.4.1 确定 FSI 的原则

重要功能产品是指满足下列条件之一的产品：

（1）该产品的故障可能影响安全。

（2）该产品的故障可能影响任务完成。

（3）该产品的故障可能导致重大的经济损失。

（4）该产品的隐蔽功能故障与另一有关的或备用产品的故障的综合可能导致上述一项或多项影响。

（5）该产品的故障可能引起的从属故障将导致上述一项或多项影响。

3.4.2 确定 FSI 的过程与方法

（1）将功能系统分解为分系统、部件、组件……直到零件，如图 3-3 所示。

（2）沿着系统、分系统、部件、组件、零件的次序，自上而下按产品的故障对装备使用的后果进行分析确定 FSI，直到产品的故障后果不再是严重时为止，低于该产品层次

的都是非重要功能产品（NFSI）。

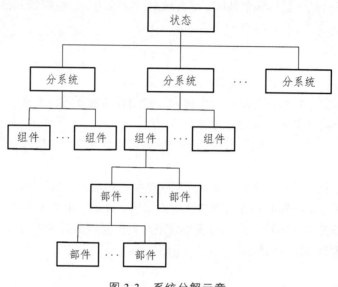

图 3-3　系统分解示意

　　FSI 的确定主要是依靠工程技术人员的经验和判断力，不需进行故障模式、影响及危害性分析（Failure Mode Effects and Criticality Analysis，FMECA）。若在此之前已进行了 FMECA，则可直接引用其分析结果来确定 FSI。对某些产品，如其故障后果不能肯定，应保守地划为 FSI；对于隐蔽功能产品，由于其故障对操作人员不明显，对可能产生严重后果的应当将其都作为 FSI。

3.4.3　确定 FSI 的技术关键

　　（1）FSI 的层次。在 FSI 的确定过程中，应选择适宜的层次划分 FSI 和 NFSI。所选层次必须要低到足以保证不会有功能和重要的故障被漏掉，但又要高到功能丧失时对装备整体会有影响，不会漏掉系统或组件间内部某些产品相互作用而引起的故障。

　　（2）FSI 和 NFSI 的性质。包含有重要功能产品的任何产品都是重要功能产品；任何非重要功能产品都包含在它以上的重要功能产品之中；包含在非重要功能产品中的任何产品都是非重要功能产品。

3.5　故障模式、影响及危害性分析

　　故障模式、影响及危害性分析是故障分析的一种有效方法，可以系统而深入地分析空管装备零件、元器件、设备、系统所有可能的故障模式、故障原因及后果，便于发现薄弱环节，增强维修工作的针对性。RCMA 要求对每个重要功能产品或项目进行 FMECA，进一步明确其故障模式及后果，为维修工作类型和维修保障措施的确定提供基础信息。

3.5.1 FMECA 概述

1. 故障模式

故障模式是产品故障的一种表现形式，它是一般能观察到的故障现象，如断裂、接触不良、泵漏油、仪表的参数漂移、电子元器件短路等。空管装备在使用过程中，故障模式是最基本的故障数据，由此可分析故障产生的原因，寻找薄弱环节，改进装备可靠性；在研制阶段，故障模式的分析是 FMECA 的基础，因此有必要弄清装备寿命周期过程中的全部故障模式。典型的故障模式有工作中断、工作时续时断、工作性能下降、提前或滞后接通等。表 3-4 列出了常见的故障模式。

表 3-4　典型的故障模式

序号	故障模式	序号	故障模式	序号	故障模式	序号	故障模式
1	结构故障（破损）	12	超出允差（下限）	23	滞后运行	34	折断
2	捆结或卡死	13	意外运行	24	输入过大	35	动作不到位
3	共振	14	间歇性工作	25	输入过小	36	动作过位
4	不能保持正常位置	15	漂移性工作	26	输出过大	37	不匹配
5	打不开	16	错误指示	27	输出过小	38	晃动
6	关不上	17	流动不畅	28	无输入	39	松动
7	误开	18	错误动作	29	无输出	40	脱落
8	误关	19	不能关机	30	（电的）短路	41	弯曲变形
9	内部漏泄	20	不能开机	31	（电的）开路	42	扭转变形
10	外部漏泄	21	不能切换	32	（电的）参数漂移	43	拉伸变形
11	超出允差（上限）	22	提前运行	33	裂纹	44	压缩变形

2. 故障影响

故障影响是故障模式对产品使用、功能或状态所导致的结果。对产品故障后所造成的影响应考虑：① 引起工作能力下降或功能的丧失；② 产生昂贵的维修费用；③ 与安全有关；④ 某一故障模式高频率地发生。

分析时将其分为局部影响、高一层次影响和最终影响三级。对于地面空管装备而言，三级是指部件级、子系统级和系统整机级。一般来讲，对安全造成影响的是那些没有冗余或替代工作的模式，如有冗余或替代工作模式，则需考虑多重故障造成的影响，如应急装置同时故障造成的严重后果。对每一级可以根据不同的影响程度再细分为不同等级：

（1）局部影响（部件），分为三级：Ⅰ级，产品功能丧失；Ⅱ级，产品功能下降；Ⅲ级，产品有故障征候。

（2）高一层次影响（子系统），分为四级：Ⅰ级，子系统完全丧失功能；Ⅱ级，子系统功能下降；Ⅲ级，有故障征候；Ⅳ级，无影响。

（3）最终影响（系统整机），可分为严重等级事故、等级事故、影响任务完成、停机、计划外维修、无影响等几种情况。

3. 危害度

危害度是指某种故障模式所产生后果的严重程度，在 GJB/Z 1391—2006《故障模式、影响及危害性分析指南》中又被称为严酷度，可分为四类：

（1）Ⅰ类，灾难的，造成人员伤亡、装备被毁。

（2）Ⅱ类，致命的，造成人员严重伤亡、重大经济损失或导致任务失败的系统严重损坏的故障。

（3）Ⅲ类，中等的，造成人员轻伤、一定经济损失或系统性能下降。

（4）Ⅳ类，轻度的，不足以导致人员伤害、较少的经济损失或系统损坏的故障，但导致计划外维修。

3.5.2 基本分析过程

1. 定义系统

通过对所分析对象的深入了解，明确系统的组成、任务或功能，描述系统的运行或工作程序及方式，规定系统的使用环境条件，明确系统故障定义和判据，绘制系统的功能框图和可靠性框图。

2. 填写 FMEA 表格

故障模式及影响分析（FMEA）如图 3-4 所示，在实际应用时可根据具体需要进行适当裁减。

初始约定层次　　　任　务　　审核　　第　页·共　页
约定层次　　　分析人员　　批准　　填表日期

代码	产品或功能标志	功能	故障模式	故障原因	任务阶段与工作方式	故障影响			严酷度类别	故障检测方法	设计改进措施	使用补偿措施	备注
						局部影响	高一层次影响	最终影响					
对每个产品采用一种编码体系进行标识	记录被分析产品或功能的名称与标志	简要描述产品所具有的主要功能	根据故障模式分析结果，依次填写每个产品的所有故障模式	根据故障原因分析结果，依次填写每个故障模式的所有故障原因	根据任务剖面依次填写发生故障时的任务阶段与该阶段内产品的工作方式	根据故障影响分析的结果，依次填写每一个故障模式的局部、高一层次和最终影响并分别填入对应栏			根据最终影响分析的结果，按每个故障模式确定其严酷度类别	根据产品故障模式原因、影响等分析结果，依次填写故障检测方法	根据故障影响、故障检测等分析结果依次填写设计改进与使用补偿措施		简要记录对其他栏的注释和补充说明

图 3-4　FMEA 表格

3. 填写 FMECA 表格

填写 FMECA 表格，如图 3-5 所示。

代码	产品或功能标志	功能	故障模式	故障原因	任务阶段与工作方式	严酷度类别	故障模式概率等级或故障数据源	故障率 λ_p（1/h）	故障模式频数比 α_j	故障影响概率 β_j	工作时间 t（h）	故障模式危害度 C_{mj}	产品危害度 C_r	备注
初始约定层次产品			任务				审核			第 页·共 页				
约定层次产品			分析人员				批准			填表日期				
（1）	（2）	（3）	（4）	（5）	（6）	（7）	（8）	（9）	（10）	（11）	（12）	（13）	（14）	（15）

图 3-5 FMECA 表格

在 FMECA 表格中，第（1）～（7）栏的内容与 FMEA 表中的内容相同；第（8）栏记录被分析产品的"故障模式概率等级或故障数据源"的来源，当采用定性分析方法时此栏只记录故障模式概率等级，并取消（9）～（14）栏；第（9）～（14）栏分别记录危害度计算的相关数据及计算结果；第（15）栏记录对其他栏的注释和补充。

（1）故障模式概率等级或故障率数据源：定性分析时，应列出故障模式发生概率的等级（见表 3-5）；定量分析时，使用故障率数据来计算危害度，应列出故障数据来源。

表 3-5 故障模式发生故障的等级划分

等级	定义	故障模式发生概率的特征	故障模式发生概率（在产品使用时间内）
A	经常发生	高概率	大于产品总故障概率的 20%
B	有时发生	中等概率	大于产品总故障概率的 10%，小于 20%
C	偶然发生	不常发生	大于产品总故障概率的 1%，小于 10%
D	很少发生	不大可能发生	大于产品总故障概率的 0.1%，小于 1%
E	极少发生	近乎为零	小于产品总故障概率的 0.1%

（2）故障率 λ_p。

$$\lambda_P = (\Pi_A \Pi_E \Pi_Q) \lambda_b$$

式中　λ_b——装备基本故障率；

Π_A——应用系数；

Π_E——环境系数；

Π_Q——质量系数。

（3）故障模式频数比 α_j：表示装备以故障模式 j 发生故障的百分比。

（4）故障影响概率 β_j：表明装备以故障模式 j 发生故障而导致系统功能丧失的条件概率。β_j 取值及其含义：$\beta_j = 1$，系统功能实际丧失；$0.1 < \beta_j < 1$，系统功能实际很可能丧失；$0 < \beta_j < 0.1$，系统功能有可能丧失；$\beta_j = 0$，系统功能不受影响。

（5）工作时间 t：装备每次任务工作小时数或工作循环次数。

（6）故障模式危害度 C_{mj}：装备第 j 个故障模式的危害度 $C_{mj} = \lambda_p \alpha_j \beta_j t$。

第 3 章　以可靠性为中心的维修理论

（7）装备危害度 C_r：装备所有故障模式危害度的总和 $C_r = \sum_{j=1}^{n} C_{mj}$。

4. 危害性分析

危害性分析是 FMECA 的最后一步，它可分为定性和定量分析。若装备故障率数据或技术状态数据不足，应选择定性分析，按照故障模式发生的概率等级来评价响应的故障模式，并据此绘制出危害性矩阵，如图 3-6 所示；若数据充足，则应采用定量分析，就是通过式 $C_r = \sum_{j=1}^{n} C_{mj} = \sum_{j=1}^{n} \lambda_p \alpha_j \beta_j t$ 来计算装备的危害性。

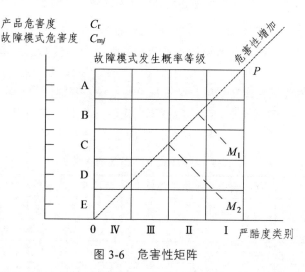

图 3-6　危害性矩阵

危害性矩阵横坐标为危害度（严酷度）类别，纵坐标为装备故障模式的发生概率等级，同时还可列出危害度 C_r。利用危害性矩阵，可将装备每个故障模式发生概率等级对应其危害度类别标在相应的位置，即可表示装备各故障模式的危害性分布。若某故障模式的分布点在矩阵对角线上离分布点投影越远，该模式的危害性越大，越需尽快采取措施。利用危害性矩阵，可用来确定和比较装备每一故障模式的危害程度，进而为确定改进和维修措施提供依据。

3.6　确定预防性维修工作类型

3.6.1　7种预防性维修工作类型的划分

预防性维修工作类型可按所进行的预防性维修的内容及其时机划分。预防性维修工作类型通常划分为以下 7 种。

（1）保养（Servicing）：为保持项目固有的设计性能而进行的表面清洗、擦拭、通风、添加油液或润滑剂、充电、充气、紧固和调整等作业，但不包括功能检测和使用检查等工作。

（2）操作人员监控（Operator Monitoring）：操作人员在正常使用装备时对其状态进行的监控，其目的在于发现项目的潜在故障，包括对装备所做的使用前检查，对装备仪表的监控，通过感觉辨认异常现象或潜在故障，如对气味、声音、振动、温度、外观、操作力等变化的辨识及时发现异常现象或潜在故障。

（3）使用检查（Operational Check）：按计划进行的，以检查隐蔽功能故障为目的的维修工作，用于确定项目能否执行规定功能。

（4）功能检测（Functional Inspection）：按计划进行的，以检查潜在故障为目的的维修工作，用于确定项目功能状态是否在规定限度内。

（5）定时拆修（Repair at Some Interval）：项目使用到规定的时间予以拆修，使其恢复到规定的状态。

（6）定时报废（Discard at Some Interval）：项目使用到规定的时间予以废弃，更换新品或符合规定要求的项目。

（7）综合工作（Combination of Tasks）：实施两种或多种类型的预防性维修工作。

3.6.2　各种预防性维修工作类型的适用性

应按照下列条件判断各种预防性维修工作类型的适用性（对于有多款条件的必须同时满足）：

（1）保养的适用条件：应能降低项目功能的退化速度。

（2）操作人员监控的适用条件：项目功能退化必须是可探测的；项目应存在一个可定义的潜在故障状态；项目从潜在故障发展到功能故障之间应存在一个合理的和稳定的间隔期；必须是操作人员正常工作的组成部分。

（3）使用检查的适用条件：项目功能故障应是隐蔽功能故障，且其故障状态应是可鉴别的。

（4）功能检测的适用条件：项目功能退化应是可测的；项目应存在一个可定义的潜在故障状态；项目从潜在故障发展到功能故障应存在一个合理的和稳定的间隔期。

（5）定时拆修的适用条件：项目应有可确定的耗损期；大部分项目均能正常工作到该可鉴别的使用时间；应有可能将项目修复到规定状态。

（6）定时报废的适用条件：项目应有可确定的耗损期；大部分项目均能正常工作到该可鉴别的使用时间。

（7）综合工作的适用条件：所综合的预防性维修工作类型应都是适用的。

3.6.3　各种预防性维修工作类型的有效性

应根据各种预防性维修工作类型对项目故障后果的消除程度判定其有效性：

（1）对于有安全性和任务性影响的功能故障，若该类型预防性维修工作能将故障或多重故障发生的概率降低到规定的可接受水平，则认为是有效的。

（2）对于有经济性影响的功能故障，若该类型预防性维修工作的费用低于项目故障引起的损失费用，则认为是有效的。

（3）保养工作只要适用就是有效的。

3.6.4　应用逻辑决断图确定预防性维修工作类型

1. 逻辑决断分析

重要功能产品的逻辑决断分析是系统以可靠性为中心的维修分析的核心内容，它是应用逻辑决断图来确定各重要功能产品需做的预防性维修工作或其他处置。RCM 维修理论要求，每个重要功能产品的每种故障模式都必须进行逻辑决断分析。逻辑决断图由一系列的方框和矢线组成；带问号的是逻辑决断方框；不带问号的是输出结果，指出选择的维修方式或维修工作类型；矢线指出流程方向或输出；决断流程始于决断图顶部，然后由对问题的回答"是"或"否"确定流程方向。我国国家军用标准 GJB 1378A—2007《装备以可靠性为中心的维修分析》中，就是用逻辑决断图来确定预防性维修工作类型的，该决断图分为两层，如图 3-7 所示。

第一层确定故障影响，包括图 3-7 中的问题 1～5。应根据故障模式和影响分析结果确定各功能故障的影响类型，即将功能故障影响划分为明显的安全性、任务性、经济性影响和隐蔽的安全性、任务性、经济性影响：

（1）具有安全性影响是指某功能故障或由该功能故障引起的二次损伤本身或与其他功能故障综合后的后果，会对装备的安全使用或环境产生直接的不利影响。

（2）具有任务性影响是指某功能故障或由该功能故障引起的二次损伤本身或与其他功能故障综合后的后果，可能妨碍装备额定任务完成或造成的经济损失远大于维修费用。

（3）具有经济性影响是指某功能故障不具有安全性影响和任务性影响，但会增加装备的使用或保障人力、物力或其他资源或维修费用而影响经济利益。

第二层选择预防性维修工作类型，包括图 3-7 中的问题 A~F 或 A~E。考虑各功能故障的原因，选择每个以可靠性为中心的维修分析项目的预防性维修工作类型。对于具有明显功能故障的项目，可供选择的维修工作类型为保养、操作人员监控、使用检查、功能检测、定时拆修、定时报废和综合工作。对于隐蔽功能故障的项目，可供选择的预防性维修工作类型为保养、使用检查、功能检测、定时拆修、定时报废和综合工作。

预防性维修工作类型的选择中对于所有的故障影响类型，问题 A："保养工作是适用和有效的吗？"的回答无论是什么，都应进入问题 B。对具有任务、经济性影响的故障在后续的问题回答中，一旦出现"是"的回答，即必须同时满足适用性和有效性条件，即可退出逻辑分析；对具有安全性影响的故障在回答完所有的问题后选择一种最有效的预防性维修工作类型或综合工作。

2. 暂定答案

在分析过程中，若因缺乏足够的信息对逻辑决断图中的问题不能做出准确的回答时，应按表 3-6 给出一个暂定的回答。多数情况下，暂定答案可能导致选择较保守、耗资较大的预防性维修工作类型或更改设计；在根据暂定答案做出决策时，应非常慎重。一旦获得足够的信息，应及时重新选择适用的和有效的预防性维修工作类型。

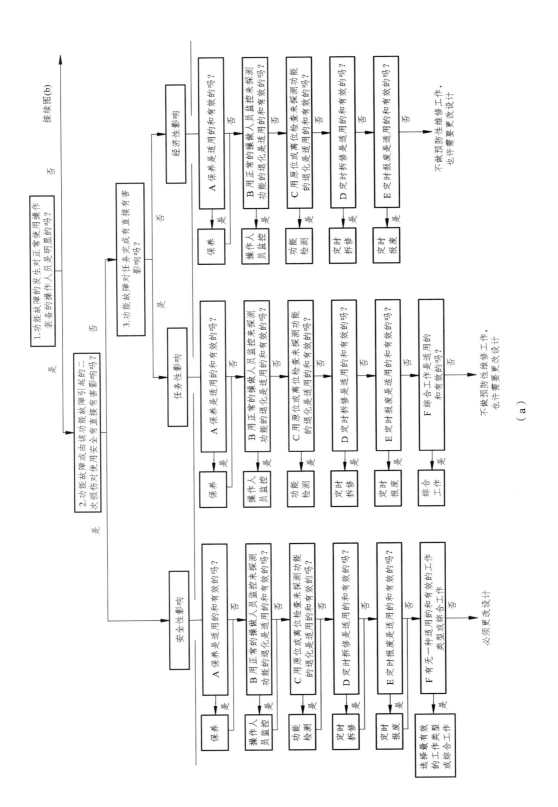

（a）

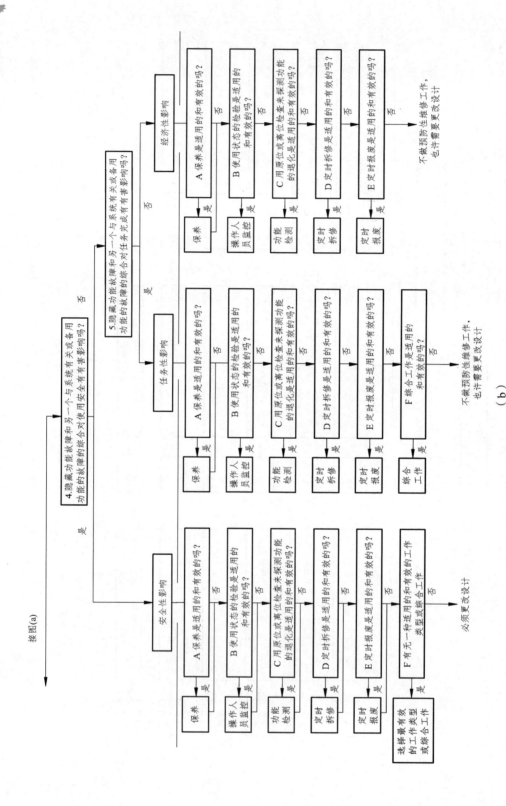

图 3-7　系统和设备以可靠性为中心的维修分析逻辑判决

·074·

表 3-6　暂定答案

逻辑问题	暂定答案	判断错误可能的不利影响
确定故障后果:		
RCMA 问题 1	否；认为故障是隐蔽的。	不必要的维修或更改设计。
RCMA 问题 2	是；认为故障直接影响安全。	不必要的维修或更改设计。
RCMA 问题 3	是；认为故障直接影响任务完成。	不必要的维修或更改设计。
RCMA 问题 4	是；认为故障有隐蔽的安全性影响。	不必要的维修或更改设计。
RCMA 问题 5	是；认为故障有隐蔽的任务性影响	不必要的维修或更改设计
确定维修类型:		
RCMA 问题 A	是；认为需做保养工作。	不必要的维修。
RCMA 问题 B	否。	继续分析选择较保守的工作。
RCMA 问题 C	否。	继续分析选择较保守的工作。
RCMA 问题 D	否。	继续分析选择较保守的工作。
RCMA 问题 E	安全性、任务性影响：否。	继续分析选择较保守的工作。
	经济性影响：是。	不必要的维修。
RCMA 问题 F	否；需要更改设计	不必要的更改设计

3. 对无预防性维修工作决断的处理

若分析后，没有找到适用的和有效的预防性维修工作类型以预防项目故障的发生，则：

（1）对有安全性影响的项目必须更改设计。

（2）对有任务性影响的项目必要时应更改设计。若项目有多种功能，一个故障即使不影响其全部功能或影响的程度不同，也应当按项目的全部功能和任务要求考虑更改设计问题。

（3）对只有经济性影响的项目应从经济角度权衡是否需要更改设计。

若不更改项目设计，则对该项目采取故障后修复策略；更改设计后，应重新分析确定是否需要进行预防性维修。

3.7　维修间隔期的确定

系统及设备以可靠性为中心的维修分析，对重要功能项目采取的 7 种预防性维修工作类型中，保养工作的间隔期一般都是根据设计要求确定的。例如，根据所用润滑油的寿命，确定润滑间隔期；另外，对于一般的清洗、擦拭等保养工作，因费用很低、时间较短，可安排在日常的保养计划中，不必单独确定其工作间隔期。操作人员监控工作是由操作人员在使用装备时进行的，也不必确定工作间隔期。综合工作的间隔期是由各有关工作类型的间隔期决定的。因此，这里所说的维修间隔期主要针对下面两类预防性维修工作：一类是检查工作，即使用检查和功能检测；另一类是定期报废和定期维修。

3.7.1 概述

1. 所需的信息

预防性维修工作间隔期应根据下列信息确定。

（1）项目的使用条件。

（2）项目的故障模式及故障规律等方面的信息。

（3）承制方的测试与技术分析数据。

（4）承制方对维修的建议。

（5）订购方对维修的要求。

（6）同型或类似项目的使用或维修经验。

2. 确定原则

预防性维修工作间隔期应根据项目功能故障的后果（包括引起多重故障的后果）及其故障规律确定。不同的预防性维修工作类型，其间隔期的确定原则不同，具体如下：

（1）使用检查间隔期的确定原则：按确定的使用检查间隔期维修，应将多重故障发生概率降低到可接受水平。

（2）功能检测间隔期的确定原则：① 功能检测的间隔期一般应小于从潜在故障发生的初始点到功能故障发生时的间隔时间，即 $P\text{-}F$ 间隔期；② 对于从新品到潜在故障发生的初始时间点的间隔时间远大于 $P\text{-}F$ 间隔期的项目，功能检测的间隔期应分为首检期和重复间隔期，首检期一般应小于从新品到潜在故障开始出现时的间隔时间；③ 确定的功能检测间隔期必须具有可操作性。

（3）定时拆修或定时报废间隔期的确定原则：定时拆修或定时报废工作间隔期应满足有效性要求，一般应不大于项目耗损期。

（4）对于只有经济性故障后果的项目，其维修工作间隔期的确定应满足经济有效性要求。

3. 间隔期探索

装备投入使用后，应进行预防性维修工作间隔期探索，即通过分析使用与维修数据、研制过程中的有关信息，确定项目可靠性与使用时间的关系，调整项目预防性维修工作类型及其间隔期。

预防性维修工作间隔期探索可通过抽样考察规定数量的项目进行。调整项目的预防性维修工作类型和间隔期时，应特别重视下列信息：

（1）所分析项目的设计、研制试验结果和以前的使用经验。

（2）类似项目以前的抽样结果。

（3）项目抽样的结果。

3.7.2 使用检查间隔期

通过使用检查（只适用于隐蔽功能故障）可保证产品的可用度，避免多重故障的严重后果。对于有安全性影响和任务性影响的情况来说，可通过所需要的产品平均可用度来确定其使用检查间隔期。假设产品的瞬时可用度为 $A(t)$、检查间隔期为 T，则平均可用度为

$$\overline{A} = \frac{1}{T}\int_0^T A(t)\,\mathrm{d}t \qquad (3\text{-}2)$$

由于在检查间隔期内不进行修理，故产品瞬时可用度即为可靠度 $R(t)$，则式（3-2）可改为

$$\overline{A} = \frac{1}{T}\int_0^T R(t)\,\mathrm{d}t \qquad (3\text{-}3)$$

若故障服从指数分布，故障率为 λ，则由式（3-3）可得

$$\overline{A} = \frac{1}{\lambda T}(1 - \mathrm{e}^{-\lambda T}) \qquad (3\text{-}4)$$

由上述公式可见，要求 $\overline{A}$ 越大，则 T 越短，若某项使用检查工作使 $\overline{A}$ 达到规定的可用性水平时的检查间隔期短得不可行，则认为该工作是无效的，反之则有效。

例 3.2 某重要功能产品，其隐蔽功能故障的时间服从指数分布，且平均故障间隔时间为 2 000 h。设为防止出现具有任务性后果的多重故障，要求该产品的平均可用度为 89% 以上，试计算该产品使用检查工作的最大间隔期。

解：按题意有

$$\overline{A} = 0.89$$

$$\lambda = \frac{1}{2\,000}$$

代入式（3-4），解得：T=470 h。

3.7.3 功能检测间隔期

功能检测只适用于发展缓慢的耗损性故障，且需要有确定的潜在故障判据。对于有安全性影响和任务性影响的情况来说，通过检查次数 n 与潜在故障发展到功能故障（$P\text{-}F$ 过程）的时间 T_{C} 的关系确定其间隔期。

假设规定的安全性或任务性影响的故障发生概率的可接受值为 F，在 T_{C} 期间要检查的次数为 n，p 为一次检测的故障检出概率，则有

$$F = (1 - p)^n \qquad (3\text{-}5)$$

$$n = \frac{\lg F}{\lg(1 - p)} \qquad (3\text{-}6)$$

那么可得检查间隔期 $T = \dfrac{T_{\mathrm{C}}}{n}$。如果 T_{C} 很短，则该工作就是无效的。

3.7.4 参数漂移情况的检测间隔期

许多电子装备由于受温度、湿度、电压、电流等各种应力的冲击，存在着参数逐渐

漂移的现象。但参数的变化必须要在一定的限制范围内，当超过规定的范围时，就会引起产品功能故障。如果能够找出参数漂移的变化规律，则可以根据产品可靠度要求确定它的检测间隔期。

1. 参数漂移的分布

实际统计表明，不少参数的变化量 $X(T)$ 服从均值为 CT、方差为 DT 的正态分布，即

$$X(T) \sim N(CT, DT) \qquad (3\text{-}7)$$

式中　T——检测间隔期；

　　　C——参数的漂移系数；

　　　D——参数的扩散系数。

实践表明，检测间隔期越长，CT 也越大，DT 也越大。设参数的额定值为 Y_0，那么 T 时刻后参数值为 $Y(T) = Y_0 + X(T)$，$Y(T) \sim N(Y_0 + CT, DT)$。

2. C、D 的估计值

若按检测间隔期 T 多次检测得到的参数值 $Y(T)$ 的一个容量为 n 的样本 $Y_1(T)$，$Y_2(T)$，$\cdots$，$Y_n(T)$，则可得到该参数均值的无偏估计

$$Y_0 + \hat{C}T = \frac{1}{n}\sum_{i=1}^{n} Y_i(T) = \bar{Y}(T) \qquad (3\text{-}8)$$

$$\hat{C} = \frac{\bar{Y}(T) - Y_0}{T} \qquad (3\text{-}9)$$

方差的无偏估计 $\hat{D}T$ 为

$$\hat{D}T = \frac{1}{n-1}\sum_{i=1}^{n}[Y_i(T) - \bar{Y}(T)]^2 \qquad (3\text{-}10)$$

$$\hat{D} = \frac{\sum_{i=1}^{n}[Y_i(T) - \bar{Y}(T)]^2}{T(n-1)} \qquad (3\text{-}11)$$

3. 设备可靠度与参数漂移量

设参数值的允许范围为 (Y_L, Y_H)。若不考虑其他故障模式，参数从额定值 Y_0 开始，经过一个检测间隔期 T 后，参数值 $Y(T)$ 仍然落在 (Y_L, Y_H) 内的概率，即是该设备在间隔时间 T 内的可靠度，记为 $R(T)$，即

$$R(T) = \Phi\left(\frac{Y_H - Y_0 - \hat{C}T}{\sqrt{\hat{D}T}}\right) - \Phi\left(\frac{Y_L - Y_0 - \hat{C}T}{\sqrt{\hat{D}T}}\right) \qquad (3\text{-}12)$$

式中　$\Phi(X)$——标准正态分布的分布函数，可由正态分布函数表查出。

若事先给定可靠度要求 $R(T)$ 的值，则可由式（3-12）确定该参数的检测间隔期 T。虽

然直接由式（3-12）解方程求 T 比较困难，但可通过逐次试算的办法来确定 T 的近似值。

例 3.3 某设备电源额定输出电压 Y，允许误差范围为（25 ± 2.5）V，该设备原定每周检测一次电源输出电压，在每次检测时记下参数值，检测后按规定将输出电压调至额定值。现从若干台设备中获得一个容量为 183 的样本，见表 3-7，求保证设备可靠度 $R(T)=0.995$ 的检测间隔期。

表 3-7　整流电源输出电压实测值

电压/V	23.0	23.5	23.7	24.0	24.2	24.5	24.6	24.7	24.8	24.9
出现次数	1	4	1	8	3	22	2	2	7	9
电压/V	25.0	25.1	25.2	25.3	25.5	25.5	26.0	26.3	26.5	27.0
出现次数	70	10	5	1	17	1	12	1	4	3

解： 已知 $Y_L=22.5$，$Y_H=27.5$，$T=7$（天），由表 3-7 中数据可算得

$$\bar{Y}(7)=\frac{1}{183}\sum_{i=1}^{183}Y_i(7)=25.0131；\quad \hat{C}=\frac{\bar{Y}(T)-Y_0}{T}=\frac{25.0131-25}{7}=0.00187；\quad \hat{D}=0.0555；$$

由式（3-12），得

$$R(7)=\Phi\left(\frac{27.5-25-0.00187}{\sqrt{0.0555\times7}}\right)-\Phi\left(\frac{22.5-25-0.00187\times7}{\sqrt{0.0555\times7}}\right)$$

$$=\Phi(3.998)-\Phi(-4.03)=0.99997-0.00003=0.99994$$

若取 $T=14$（天），则

$$R(14)=\Phi(2.805)-\Phi(-2.865)=0.99752-0.00205=0.99547$$

由表 3-7 可知，一周内参数漂移是很小的，如果要求该参数可靠度在 0.995 以上，则其检测间隔期可延长到两周。

3.7.5　定时拆修（报废）间隔期

定时维修有定时拆修和定时报废两种类型，它们的预防性维修间隔期确定方法是相同的，因此本节仅以定时报废为例进行讨论。这两类预防性维修工作都只适用于有耗损期的产品，因此应当掌握产品的故障规律，特别是掌握进入耗损期前的工作时间 T_w。

1. 两种定时报废的更换策略

定时报废是指产品使用到一定时间后予以报废并进行更换。按所用时间的计时方法不同，定时更换策略可分为工龄定时更换和全部定时更换。

工龄定时更换（Age Replacement），又叫个别定时更换，是指按每个产品的实际使用时长进行定时更换。即在装备中的单个产品，在使用过程中即使无故障发生，到了规定的更换工龄 T 也要进行更换；如未到规定工龄发生了故障，则更换新品。无论是预防更换还是故障更换，都要重新记录该产品的工作时间，相当于对计时器清零，下次的预防更换时间，应从这一时刻算起。

全部定时更换又叫成批更换（Block Replacement），是指按装备在给定的时间成批更换。即在装备的使用过程中，每隔预定的更换间隔时间 T，就将正在使用的全部同类产品进行更换；即使个别产品在此间隔内发生故障更换过，到达更换时刻 T 时也一起更换。

2. 工龄定时更换的间隔期

（1）对于安全性影响和任务性影响。

对于安全性影响和任务性影响的定时更换问题，更换间隔期 T 应短于产品的平均耗损期 $\overline{T}_w$。由于 T_w 是一个随机变量，若已知 T_w 的分布，并给出更换间隔期 T 内过早达到耗损期的故障概率 F 的可接受水平要求，则可确定 T。

例如，已知产品 T_w 服从正态分布，允许故障概率 $F \leqslant 0.2\%$，T 的均值 $\overline{T}_w = 900$ h，标准偏差 $\sigma = 20$ h。由概率统计知识可知：$T \leqslant \overline{T}_M - 3\sigma = 900 - 60 = 840$ h 时，无故障的概率 $F \geqslant 99.865\%$，满足故障概率要求，因此可初步取更换间隔期 $T = 840$ h。

（2）任务可靠度要求确定更换间隔期。

对于工作的有效性，我们时常更关心装备工作到时间 t 后再使用一段时间 Δt 任务期间的任务可靠度。任务可靠度是指在执行 t 时长任务可靠的条件下，再使用 Δt 时间后仍可靠的概率，即

$$R(t + \Delta t \mid t) = \frac{R(t + \Delta t)}{R(t)} = \exp\left[-\int_t^{t+\Delta t} \lambda(t)\mathrm{d}t\right] \tag{3-13}$$

对于指数分布，有 $R(t + \Delta t \mid t) = \mathrm{e}^{-\lambda \Delta t}$，即指数分布时，任务期间的任务可靠度与任务开始以前所积累的工作时间无关，故不应做定时更换。

对于其他分布，则要考虑根据任务可靠度要求来确定更换间隔期。例如，威布尔分布，当 $\delta = 0$，$m > 1$ 时，有

$$R(t + \Delta t \mid t) = \frac{\exp\left[-\dfrac{(t + \Delta t)^m}{\eta^m}\right]}{\exp\left[-\dfrac{t^m}{\eta^m}\right]} = \exp\left[-\frac{(t + \Delta t)^m - t^m}{\eta^m}\right] \tag{3-14}$$

（3）平均可用度最大为目标的更换间隔期。

采用工龄更换策略的时序如图 3-8 所示，图中○表示定时更换，×表示故障后更换，则在每一更换周期 T 内平均不能工作时间为

$$\overline{T}_d = R(T)\overline{M}_{pt} + [1 - R(T)\overline{M}_{ct}] \tag{3-15}$$

式中 $\overline{M}_{pt}$——定时更换的平均停机时间；

       $\overline{M}_{ct}$——故障更换的平均停机时间；

       $R(T)$——T 时刻系统可靠度，即 T 时间内系统不发生故障的概率。

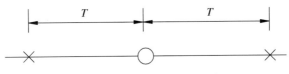

图 3-8　工龄更换策略的时序

在一个更换间隔期内，平均能工作时间为

$$\bar{T}_\mathrm{u} = \int_0^T R(t)\mathrm{d}t \qquad (3\text{-}16)$$

稳态可用度为

$$A = \frac{\bar{T}_\mathrm{u}}{\bar{T}_\mathrm{u} + \bar{T}_\mathrm{d}} = \frac{\int_0^T R(t)\mathrm{d}t}{\int_0^T R(t)\mathrm{d}t + R(T)\bar{M}_\mathrm{pt} + [1 - R(T)]\bar{M}_\mathrm{ct}} \qquad (3\text{-}17)$$

为了求得最大可用度的最优更换间隔期 T^*，将上式对 T 求导数，并令其为零，则

$$R(T)\left\{ R(T)\bar{M}_\mathrm{pt} + [1 - R(T)]\bar{M}_\mathrm{ct} + \int_0^T R(t)\mathrm{d}t \right\} -$$

$$\int_0^T R(t)\mathrm{d}t\{R(T) - f(T)\bar{M}_\mathrm{pt} + f(T)\bar{M}_\mathrm{ct}\} = 0$$

若 $M_\mathrm{ct} > M_\mathrm{pt}$，化简后有

$$\frac{\bar{M}_\mathrm{pt}}{\bar{M}_\mathrm{ct} - \bar{M}_\mathrm{pt}} = \lambda(T)\int_0^T R(t)\mathrm{d}t + R(T) \qquad (3\text{-}18)$$

对式（3-18）用迭代法可求得最优更换间隔期 T^*。

对于机件故障服从指数分布的情况，有 $\lambda(t) = \lambda(常数)$，则式（3-18）中含 T 的项可被消去，因此无法解出 T 的值来。也就是说，机件服从指数分布时，如果希望获得最大可用度，不需要进行定时更换；其实当 $\lambda(t)$ 为减函数时，也不需要进行定时更换。

对于设备故障时间为任意分布，且 $\lambda(t)$ 为增函数的情况，可采用统计数据作图的方法求解最优更换间隔期 T^*。将式（3-17）变为

$$A_\mathrm{a} = \frac{1}{1 + \dfrac{R(T)\bar{M}_\mathrm{pt} + [1 - R(T)]\bar{M}_\mathrm{ct}}{\int_0^T R(t)\mathrm{d}t}} \qquad (3\text{-}19)$$

设 $\alpha = \dfrac{R(T)\bar{M}_\mathrm{pt} + [1 - R(T)]\bar{M}_\mathrm{ct}}{\int_0^T R(t)\mathrm{d}t}$，则

$$A_\mathrm{a} = \frac{1}{1 + \dfrac{T_\mathrm{d}}{T_\mathrm{u}}} = \frac{1}{1 + \alpha} \qquad (3\text{-}20)$$

其中，α 被称为不能用系数，显然要使可用度 A_a 最大，就必须使不能用系数 α 最小。

例 3.4 某设备采用工龄更换策略维修，其故障更换平均停机时间 $\bar{M}_{ct}$ =2 h，定时更换平均停机时间 $\bar{M}_{pt}$ =0.5 h，可靠度随时间变化关系见表 3-8，求以最大可用度为目标的最优更换间隔期。

表 3-8 某设备可靠度统计数据

t/kh	0	0.2	0.4	0.6	0.8	1.0	1.2	1.4	1.6	1.8	2.0
$R(t)$	1	0.995	0.978	0.95	0.90	0.86	0.79	0.72	0.64	0.57	0.48

解：按表 3-8 中数据绘成图 3-9 的可靠度曲线。图 3-9 中 $R(t)$ 曲线以 0.2 kh 为单位，分成许多梯形，这些梯形的面积分别以 S_2，S_4，S_6 … 表示。由此

$$\int_0^T R(t)\mathrm{d}t = S_2 + S_4 + S_6 + \cdots + S_t$$

计算的结果列于表 3-9。根据表 3-9 中的 α 的值画出曲线图，如图 3-10 所示。由图 3-10 得 α 曲线最低点 $t \approx 1.25$ kh，即所求的最优更换间隔期，其相应的 α 最小值为 $\alpha_{\min} \approx 0.000\ 723$。

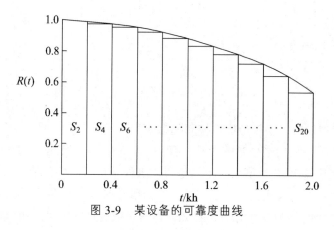

图 3-9 某设备的可靠度曲线

表 3-9 某设备不可用系数 α 计算表

t/kh	$R(t)$	$1-R(t)$	S_t	$\int_0^T R(t)\mathrm{d}t$	$R(t)\bar{M}_{pt}$	$1-R(t)\bar{M}_{ct}$	$\alpha \times 10^4$
0	1.00	0.00					
0.2	0.995	0.005	199.5	199.5	0.498	0.01	25.44
0.4	0.978	0.022	197.3	396.8	0.489	0.044	13.43
0.6	0.950	0.050	192.8	598.6	0.475	0.10	9.75
0.8	0.900	0.100	185.0	774.6	0.450	0.20	8.39
1.0	0.860	0.140	176.0	950.6	0.430	0.28	7.47
1.2	0.790	0.210	165.0	1115.6	0.395	0.42	7.31

t/kh	$R(t)$	$1-R(t)$	S_t	$\int_0^T R(t)\mathrm{d}t$	$R(t)\overline{M}_{pt}$	$1-R(t)\overline{M}_{ct}$	$\alpha\times10^4$
1.4	0.720	0.280	151.0	1266.6	0.360	0.56	7.26
1.6	0.640	0.360	136.0	1402.6	0.320	0.72	7.41
1.8	0.570	0.430	121.0	1523.6	0.285	0.86	7.52
2.0	0.480	0.520	105.0	1628.6	0.240	1.04	7.86

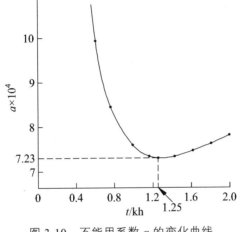

图 3-10　不能用系数 α 的变化曲线

3.8　维修级别分析

3.8.1　空管维修的级别

按维修的难易程度及维修设施设备复杂程度，空管装备的维修分为一类维修（一般修理）、二类维修（中型维修）、三类维修（大型维修）、四类维修（厂家维修），并根据台站装备的运行状态、技术人员和维修设施的情况进行巡回检修。

1. 一类维修

一类维修指常见及简单的故障维修，在本地具备相应的维修能力及维修配套的平台与备件。

2. 二类维修

二类维修指非常见性或较为复杂的故障维修，本地的维修能力及维修配套平台与备件不足以完成维修工作，需协调利用本地区空管局其他相关单位的维修力量及维修配套平台与备件，包括由地区空管局统一建立的与装备生产厂家的维修合作关系，在地区空管局适当存放的部分零部件及配备的部分维护维修平台。

3. 三类维修

三类维修指需协调利用民航局空管局或全国其他地区局相关单位的维修力量及维修配套平台与备件，包括由民航局空管局统一建立的与装备生产厂家的维修合作关系，在民航局空管局存放的部分零部件及搭建的系统维护维修、测试与安全评估平台。

4. 四类维修

四类维修指利用中国民航空管系统自身资源难以修复的故障，需送厂家或空管系统之外其他有维修能力的部门进行维修，或需要厂家或空管之外其他有能力的部门技术支持的情况。

5. 巡回检修

巡回检修指指由通导业务部门根据台站装备的运行状态、技术人员与维修设施的情况，或者台站的申请，统一抽调技术熟练的维修人员组成巡回检修组进行的检修活动。

3.8.2 维修级别分析的基本概念

1. 维修级别的概念

航空装备的维修级别（Maintenance Level）是根据维修的深度、广度及维修场所而划分的等级。一般分为基层级（O），在装备使用单位完成的维修工作；中继级（I），在地区级单位完成的维修工作；基地级（D），在全国性行业单位或装备厂家完成的维修工作。

空管装备维修级别与航空装备维修级别的分析原理和方法相似，本节以航空维修级别为例进行讲解。其中空管装备一类维修对应基层级，二类维修对应中继级，三类和四类维修对应基地级。

2. 维修级别分析的定义

维修级别分析是指重复地完成一系列修理等级分析，在经济性分析和非经济性分析的基础上获得有效且经济的维修体制与保障资源的过程，它的分析结果即是做出在基层级、中继级、基地级维修或直接报废的决策。该决策主要根据最佳维修费用效果与装备工作能力做出，而做出决策的基础是使用方案、维修方案和装备结构的约定层次。它涉及装备的维修体制、编制、维修机构的部署、修理范围、修理能力和器材供应系统。在进行维修级别分析时需要获得有关的使用、保障数据和设计参数，决策时要综合考虑有关非经济性因素和经济性因素。

维修级别分析要反复迭代进行，它要应用于系统寿命周期的所有阶段，但是它的应用深度和详细程度是可以剪裁的，以适于系统寿命周期不同阶段进行维修级别分析的需要。

3. 维修级别分析的基本原则

维修级别的确定是 RCMA 的重要组成部分，它所遵循的基本原则如下：

（1）维修级别的正确选择取决于完成维修任务时需要的保障设备、维修人员的技术水平、设施及维修装备对环境的要求等。

（2）实施维修所需的人力和物力等保障的要求应与该级别维修能力相适应。

（3）在确定实施维修的场所和级别时，应考虑靠前维修的思想，即尽量使装备接近装备的使用者，并尽可能用换件修理来保证其较好的机动性。

（4）最大限度地利用各级保障设备和现有技术条件来完成维修任务，以减少维修费用。

（5）在确定维修级别时应按照非经济性分析和经济性分析两类准则进行。经济性准则是以总费用最低为目标；非经济性准则是以安全性、可靠性、维修性、任务成功性等为目标。

3.8.3 维修级别分析的程序

维修级别分析一般程序如图 3-11 所示。

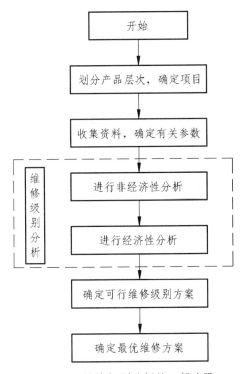

图 3-11　维修级别分析的一般步骤

（1）划分产品层次，确定项目。为了便于分析和计算，需要根据装备的结构及其复杂程度对所分析的装备划分产品层次，进而确定需要分析的项目。

（2）收集资料，确定有关参数。进行维修级别分析通常需要大量的输入数据，因此要按照所选的分析模型收集资料、确定相关参数。例如，进行经济性分析常用的参数有费用现值系数、年故障产品数、修复率等。

（3）进行非经济性分析。对每一个待分析项目首先进行非经济性分析，推荐合理的维修级别。

（4）进行经济性分析。利用经济性分析模型和所收集的资料，定量计算产品在所有可行的维修级别上维修的有关费用，以便选择确定最佳的维修级别。

（5）确定可行维修级别方案。根据分析结果，对所分析项目确定出所有可行的维修级别方案。

（6）确定最优的维修级别方案。对前述过程所确定的备选方案进行评审，评估后作出的维修决策可能与初始维修方案有出入，从而影响系统设计和保障规划，这时就要进行反复权衡，在做出最终维修决策之前，充分评价维修方案变化所引起的后果，并选出满足要求的最优维修级别方案。

3.8.4 维修级别分析的方法

维修级别分析的方法与装备的复杂程度、类型、费用要素的划分、分析的时机等多种因素有关。通常维修级别的分析决策可以按照图 3-12 所示的决策树方法来进行，先通过逐条问答的形式做出基层级、报废/更换、基地级、中继级的维修决策。如果经过上述过程后，还是很难得出在哪级修理较优时，则需要用经济性分析费用模型来协助做出正确决策。

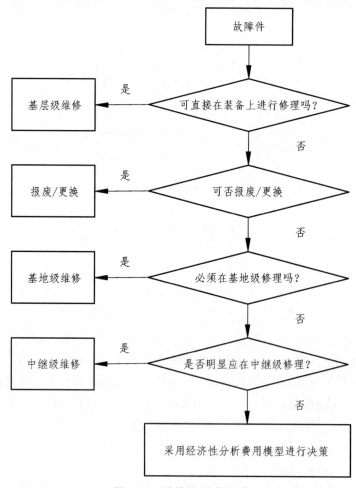

图 3-12　维修级别决策树

1. 是否适于基层级维修

首先判断出不需要将故障件从装备上拆下来就能直接进行的维修，这是典型的基层级维修。这类维修工作通常比较简单，如保养、调校、检查和排除较小的故障等，它的工作范围和深度取决于装备的维修性设计和基层级维修场所具备的条件。

2. 可否报废/更换

当在装备上不能进行维修时，应考虑拆卸下的故障件是报废更换，还是原件修复。这种决策要根据报废更新与修理的效费比做出，效费比分析的方法很多。例如，效费比可用下面的不等式来分析，若不等式成立，则该故障件应当报废。

$$\left(\frac{T_{\mathrm{MTBF_2}}}{T_{\mathrm{MTBF_1}}}\right)N < \frac{L+M}{P} \tag{3-21}$$

式中　$T_{\mathrm{MTBF_1}}$——新件的平均故障间隔时间；

　　　$T_{\mathrm{MTBF_2}}$——修复件的平均故障间隔时间；

　　　L——修复故障件所需的人力费用；

　　　M——修复故障件所需的器材费用；

　　　P——新件单价；

　　　N——预先确定的可接受因子，它是一个取值在 50% ~ 80%的百分数，表明修复费用超过新件费用达到这个比值时，就得做出报废决策。

特别注意的是，对于具有耗损特性的产品，需要采用使用寿命代替平均故障间隔时间。

3. 是否必须基地级维修

当故障件复杂程度较高，或需要较高的修复技术，或需要专用工具及设施时，就必须选择基地级维修。在做 RCMA 时，我们也可能发现类似问题，因此应当通过更改设计尽量减少必须选择基地级维修的情况。

4. 是否明显应在中继级维修

当故障修复难度一般、所需人员水平要求不高、仅需通用保障设施时，我们可以很明显地得出在中继级进行维修的决策。

5. 采用经济性分析费用模型决策

经济性分析费用模型实质上就是一个经济决策过程，即分析各种与维修有关的费用，建立各级修理费用分解结构，并制订评价准则。经济性分析模型要求相关资料收集要翔实，费用构成要考虑全面，并将实际装备数量、年度或每月维修数量、同类零部件不同性质故障对费用的影响、维修效果评价原则，以及不同零部件在不同维修级别进行维修的费用差异等做详细分析，才能获得正确的决策。下面给出某机件费用分析示例：

$$C = C_{\mathrm{P}} + C_{\mathrm{L}} + C_{\mathrm{S}} + C_{\mathrm{TD}} + C_{\mathrm{TNG}} + \cdots \tag{3-22}$$

式中　C——某机件在该级别维修的总费用；

C_P——备件购置费用；

C_L——维修人力费用；

C_S——包装、储存和运输费用；

C_{TD}——技术资料费用；

C_{TNG}——训练保障费用。

例 3.5 某装备共由 15 个机件组成，故障机件可在基层级加以拆卸并更换，也可送往中继级或基地级进行修理。机件修理是通过更换组合件完成的，换下的组合件或是修理，或是报废。请按照寿命周期费用最佳的原则，做出各机件修理级别或报废的决策。

从给定条件可知，维修级别仅考虑中继级和基地级，各级的寿命周期费用由表 3-10 所列各项费用构成，基地级和中继级费用因管理体制不同而略有区别。机件 1 修理与报废的费用估算见表 3-10，同理可估算其他机件修理与报废的费用，所得到的 15 个机件的维修级别费用分析与决策数据见表 3-11。

表 3-10　机件 1 维修与报废的费用估算　　　　　　　单位：元

序号	估算项目	中继级维修	基地级维修	故障时报废
1	购置费用	10 200	10 200	98 000
2	维修人力费用	12 240	18 360	—
3	成套备件费用	8 500	17 000	326 400
4	零备件费用	10 200	10 200	—
5	库存费用	3 740	5 440	65 280
6	专用测试和保障费用	60 000	12 000	—
7	运输与装卸费用	—	12 240	—
8	维修训练费用	4 500	900	—
9	维修设备费用	5 612	1 918	—
10	技术资料费用	6 100	6 100	—
11	报废处理费用	408	408	4 080
	合计	121 500	94 766	493 760

表 3-11　15 个机件的维修级别费用分析与决策数据　　　　　单位：元

机件	维修策略			维修决策
	中继级维修	基地级维修	故障时报废	
1	121 500	94 766	493 760	基地级
2	130 800	82 622	75 440	报废
3	215 611	210 420	382 452	基地级
4	141 633	162 912	238 601	中继级
5	132 319	98 122	121 112	基地级
6	112 189	96 938	89 226	报废

机件	维修策略			维修决策
	中继级维修	基地级维修	故障时报废	
7	125 611	142 206	157 982	中继级
8	99 812	131 413	145 662	中继级
9	128 460	79 007	66 080	报废
10	167 400	141 788	314 560	基地级
11	185 850	142 372	136 740	报废
12	135 611	122 453	111 502	报废
13	105 667	113 775	133 492	中继级
14	110 523	89 411	99 223	基地级
15	142 119	120 813	105 723	报废
总费用	2 146 905	1 920 818	2 669 555	基地级

根据表 3-11，可做出如下决策：机件 1 在基地级维修更有利；机件 2 根本不需修理，故障后直接报废；机件 3 在基地级维修更有利等。该表反映了对于每种机件应推荐的维修级别和维修策略。此外，若将装备的 15 种机件作为整体看待，则总的决策是以基地级维修为佳。

3.9 预防性维修大纲

3.9.1 预防性维修大纲的作用

以可靠性为中心的维修大纲，即预防性维修大纲，它的作用主要体现在以下两个方面：

（1）通过逻辑决断法来确定既技术可行又值得做的预防性维修工作，以最少的资源消耗保持和恢复装备的安全性和可靠性固有水平。设备的安全性和可靠性固有水平是由设计与制造所赋予的，只有进行既技术可行又值得做的预防性维修工作，这些固有水平才能充分地体现出来；如维修不良或不当，就会损害其固有水平或消耗过多的维修人力及物力。

（2）通过制定维修大纲，还能发现有重大影响或严重后果的设计缺陷，这是提高设备可靠性、维修性、保障性和安全性的重要途径。

3.9.2 预防性维修大纲的完善

预防性维修大纲是装备维修的指导性纲领文件，它不是一经制订就保持不变的，而是随着装备的使用而不断地进行完善的。特别是新研发装备的预防性维修大纲，它是在缺乏足够的使用维修和故障信息的基础上制订的，因此必须对初始预防性维修大纲进行不断的修订和完善。另外，随着科学技术的发展，装备的故障诊断技术不断提高以及装备在使用中暴露的重大问题经研究后进行改装，都需要对初始预防性维修大纲进行相应修订。

修订和完善预防性维修大纲的依据是装备的使用维修信息资料、维修周期的探索数据等，因此应在装备投入使用后注意收集以下信息并开展相关工作：

（1）装备实际出现的故障类型及其频率。

（2）每个故障的后果，包括直接危及安全、严重的使用性后果，较高的维修费用、长时间的修理停用、可推迟排除且费用不高的功能故障等。

（3）故障发生的环境，以确定故障是在正常使用过程中发生的，还是由于某种外界因素所造成的。

（4）在使用过程中验证部件在设计时所定义的维修类型是否有效。

（5）分析验证某些故障的机理，以决定是否重新设计或改造。

（6）初始维修大纲中作为暂定措施的工作是否适用和有效。

（7）对已经给出维修间隔期的机件，若发生故障时应做详细记录，以便查明原因，若不发生故障，也要重新进行维修间隔期探索。

修订后的预防性维修大纲，可在领先使用的装备上进行试用，然后再推广。在推广使用过程中，要验证修改过的预防性维修大纲是否有效，并不断重新进行预防性维修大纲的修订和完善，以确保装备的安全性、可靠性和任务完好性。

3.9.3 预防性维修大纲示例

装备预防性维修大纲的示例如下，它是由 GJB 1378A—2007《装备以可靠性为中心的维修分析》给出的，其中部分内容可根据装备的实际情况进行修改。

装备预防性维修大纲内容和格式示例

B.1 装备预防性维修大纲的内容

B.1.1 装备预防性维修大纲的正文部分内容

一般应包括：

a）前言；

b）例行检查要求；

c）系统和设备预防性维修大纲；

d）结构预防性维修大纲；

e）区域检查大纲。

附录根据需要可包括装备的区域划分、维修通道和术语等。

B.1.2 系统和设备预防性维修大纲

系统和设备的预防性维修大纲是装备中系统和设备的预防性维修要求的汇总文件，其内容一般包括项目编码、项目名称、维修工作说明、维修间隔期、维修级别及维修工时等，对于大型装备，可能还需包括维修工作的区域和通道等。

B.1.3 结构预防性维修大纲

结构预防性维修大纲是装备结构预防性维修要求的汇总文件，其内容一般包括项目的编码、首检期、检查间隔期、检查工作说明（包括领先使用检查要求）、维修级别、维修工时、检查区域和通道等。

B.1.4 区域检查大纲

区域检查大纲是装备区域检查要求的汇总文件，其内容一般包括区域、检查位置、检查间隔期和维修工作说明等。

B.2 预防性维修大纲汇总表示例

系统和设备预防性维修大纲汇总表示例见表 B.1。

结构预防性维修大纲汇总表示例见表 B.2。

区域检查大纲汇总表示例见表 B.3。

表 B.1 系统和设备预防性维修大纲汇总表

项目编码	项目名称	工作区域	工作通道	维修工作说明	维修间隔期	维修级别	维修工时

表 B.2 结构预防性维修大纲汇总表

项目编码	检查区域	检查通道	检查工作说明	首检期	检查间隔期	维修级别	维修工时

表 B.3 区域检查大纲汇总表

区域编号	工作顺序	检查位置	检查间隔期	维修工作说明

思考题

1. 简述维修理论的发展过程。

2. 简述 RCM 维修理论的基本观点。

3. 简述 RCMA 的基本内容。

4. 简述系统和设备 RCMA 的一般步骤。

5. 简述 FMECA 的基本分析过程。

6. 预防性维修工作共有哪几种类型?

7. 简述应用逻辑决断图确定预防性维修工作类型的过程。

8. 简述空管的维修级别及维修级别分析的程序。

9. 简述预防性维修大纲的主要内容和制订过程。

10. 某装备需要孔探仪做定期检查,如发现叶片有裂纹时应及时拆修,以防叶片折断打坏设备。叶片从出现裂纹发展到折断要经过 300 h,一次孔探仪检查的精度为 0.9。现要求把叶片在 300 h 内折断的概率控制在 0.000 1,则应该多少小时做一次孔探仪检查?

11. 某机件的故障时间服从正态分布,若要求其在定时维修间隔期内故障发生概率不超过 0.000 1,求定时维修间隔期 (已知 $\mu=4\ 000$ h,$\sigma=100$,$F(t)=0.000\ 1$)。

第 **4** 章

空管装备故障分析

空管维修的实质是排除故障，恢复空管装备正常运行的工作状态，因此必须加强故障的分析和研究，遵循装备故障的发展规律来开展空管装备维修工作。空管装备故障的研究包括故障微观规律和故障宏观规律两方面。故障微观规律是研究故障发生的微观机理，阐明引发故障的物理、化学、生物等变化的内在原因及其变化规律，从而提出预防和消除故障的措施；故障宏观规律是研究故障发生的统计规律，揭示故障发生次数与设备工作时间的变化关系，从而实现对故障的宏观控制。

4.1 故障的概念

4.1.1 故障的定义

根据 GJB 451A—2005《可靠性维修性保障性术语》，故障是指产品不能执行规定功能的状态；对于电子元器件、弹药等某些不可修复产品则称为失效。故障有以下 4 个特性：

（1）相关性。故障和功能之间具有密切的相关性，产品的功能是判断故障的主要依据。

（2）影响性。故障会给安全、使用和任务的完成带来不同程度的影响，空管维修工作的重点就是根除危及空管指挥，甚至是危及飞行安全的空管装备故障，排除影响任务完成和使用的故障，发现潜在故障并消除故障隐患。

（3）相对性。故障的发生具有相对性，在一定条件下才有可能发生。如一部雷达，在低空工作正常，而在万米以上高空工作可能会不正常，因此这部雷达只能用于万米之下，否则会发生故障。

（4）表现性。故障通过一定的发展过程才会以某种现象或状态反映出来，并且大多数装备的故障是可以识别的。

有时，产品不能完成规定功能是明确的，如电台接收不到信号、雷达收不到回波信号、电灯不能照明，这是明显出了故障。有时，产品不能完成规定功能并不很明确，如接收机灵敏度下降、无线电罗盘误差变大等，设备在某一段时间内虽然存在这些问题，但在一定情况下并不影响设备的正常使用功能，处于有无故障之间。因此，故障的确定需要判据，同一设备不同使用情况所确定的故障判据也有可能不一致，故障的判据不同，统计数据也不同，就会直接影响到故障统计分析的结果。但是在同一工作环境或相同使用情况下，故障的判据必须要有统一的要求。

4.1.2 故障的分类

1. 按故障发展过程分类

（1）功能故障：装备不能完成规定功能的状态，称为功能故障。规定功能，是由装备功能与其使用范围的关系确定的。

（2）潜在故障：俗称隐患，即装备将不能完成规定功能的可鉴别状态。如线缆接头，在发生功能故障之前，会显现出可观测到的松动、锈迹等。

2. 按故障可见性分类

（1）明显功能故障：正常使用装备的人员能够发现的故障。此类故障，操作人员凭感官或在正常操作使用时就能发现。

（2）隐蔽功能故障：正常使用装备的人员不能发现的故障。此类故障，必须通过特定仪器仪表经过检查或测试后才能被发现。

3. 按故障相互关系分类

（1）单个故障：包括两种情况，一是独立故障，不是由另一产品故障引起的原发性故障；二是从属故障，是由另一产品故障引起的继发性故障。

（2）多重故障：由若干个连续发生的独立故障组成的故障事件，它可能造成其中任何单个故障所不能产生的后果。

4. 按故障后果分类

（1）安全性故障：该类故障的发生，会对人员、装备的安全产生有害影响，甚至直接危及空管指挥和航空运行安全。

（2）任务性故障：该类故障的发生，对装备使用能力或完成空中交通服务任务有直接不利的影响，但这类故障不会影响人员与装备的安全。

（3）经济性故障：该类故障的发生，不会妨碍使用安全和任务完成，而只会涉及排除故障的维修、运输、保险等费用的经济性问题。

5. 按故障原因分类

（1）固有故障：装备由于设计、制造的固有缺陷等原因而发生的故障。

（2）超应力故障：因施加的应力超过装备规定能力而发生的故障，人为差错所引起的故障通常属于超应力的范畴。

（3）耗损故障：使用时间较长的装备，由于老化、疲劳、损耗所引起的故障。

6. 按故障责任分类

（1）设计责任故障：设计不当而发生的故障。

（2）制造责任故障：材质、加工方法和工艺程序等问题造成的故障。

（3）使用责任故障：工作人员不按规定使用或不按规定环境要求使用，使应力超过装备承受能力而造成的故障。

4.1.3 故障物理

1. 故障物理的概念

故障物理，又称可靠性物理或失效物理，它研究的对象是产品在正常或特殊应力条件下故障发生和发展的过程与原因，即研究产品在使用条件和其他特殊条件下故障是怎样发生的、为什么要发生。故障物理包括以下 4 个方面研究内容：

（1）定量统计、检测与分析各种故障的机理。

（2）用物理、化学以及数学模型预测产品的工作情况。

（3）从产品设计入手得到提高其固有可靠性的方法。

（4）提出针对各个环节减少故障的技术措施。

上述研究内容的核心思想就是从微观的角度解释故障机理，找出故障发生的客观规律，提出减少故障的技术措施，从而改进产品的固有可靠性。即故障物理学研究的主要目标是通过分析故障发生的原因和发展的过程及对产品可靠度的影响，采取改进设计、加速寿命试验等有效措施剔除故障因素，提高装备可靠性。

2. 故障物理分析方法

故障物理分析方法的一般步骤如下：

（1）详细记录在研制、生产、实验、使用诸环节中所出现的故障、缺陷以及其他不良现象。

（2）对现象进行观测、分析、调查。

（3）提出关于故障产生的各种机理（含外因）假设。

（4）通过各种技术手段确定故障产生的原因。

（5）制定措施减少或消除故障。

4.2 常见故障分布

4.2.1 指数分布

指数分布一般记为 $T \sim E(\lambda)$，是最常用的故障分布，许多电子设备和较复杂的机械设备在使用期内其故障大多服从指数分布，基本特点是故障率为常数。

1. 基本函数

（1）故障分布密度函数图像如图 4-1 所示。

$$f(t) = \lambda e^{-\lambda t} \quad (t \geqslant 0, \lambda > 0) \tag{4-1}$$

（2）故障分布函数图像如图 4-2 所示。

$$F(t) = \int_{-\infty}^{t} f(t)\mathrm{d}t = \int_{-\infty}^{t} \lambda e^{-\lambda t}\mathrm{d}t = 1 - e^{-\lambda t} \quad (t \geqslant 0) \tag{4-2}$$

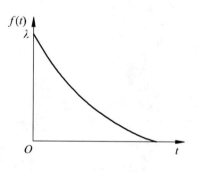

图 4-1　故障分布密度函数

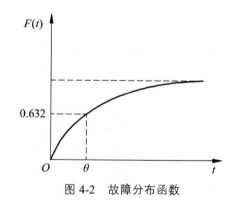

图 4-2　故障分布函数

（3）可靠度函数图像如图 4-3 所示。

$$F(t) = 1 - F(t) = e^{-\lambda t} \quad (t \geqslant 0) \tag{4-3}$$

（4）故障率函数图像如图 4-4 所示。

$$\lambda(t) = \lambda = 常数 \tag{4-4}$$

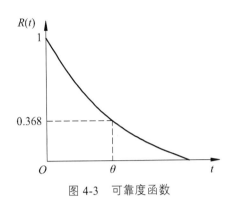

图 4-3 可靠度函数

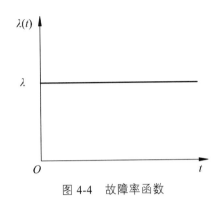

图 4-4 故障率函数

2. 重要参数

（1）平均寿命 θ。

$$\theta = \int_0^\infty R(t)\mathrm{d}t = \int_0^\infty \mathrm{e}^{-\lambda t}\mathrm{d}t = \frac{1}{\lambda} \tag{4-5}$$

（2）可靠寿命 T_r。

$$R(T_\mathrm{r}) = \mathrm{e}^{-\lambda T_\mathrm{r}} = r \tag{4-6}$$

$$T_\mathrm{r} = -\frac{1}{\lambda}\ln r \tag{4-7}$$

（3）中位寿命 $T_{0.5}$。

$$T_{0.5} = -\frac{1}{\lambda}\ln 0.5 = 0.693\frac{1}{\lambda} \tag{4-8}$$

（4）特征寿命 $T_{\mathrm{e}^{-1}}$。

$$T_{\mathrm{e}^{-1}} = -\frac{1}{\lambda}\ln \mathrm{e}^{-1} = \frac{1}{\lambda} \tag{4-9}$$

3. 重要性质

（1）产品故障率是与时间无关的常数，且与平均寿命互为倒数。

（2）产品特征寿命与产品平均寿命相同。

（3）产品工作状态具有"无记忆性"，即产品工作寿命的长短与已工作时间的长短无关。

4.2.2 正态分布

正态分布又称高斯分布或误差分布，记作 $T \sim N(\mu, \sigma^2)$，是一种具有广泛用途的分布函数，其中当 μ 为均值，σ^2 为方差，σ 为标准差。正态分布在故障统计分析中的用途主要有：① 用于因磨损、老化、腐蚀而出现故障的装备的故障分析；② 用于对所制造装备及其性能的分析和质量控制。

1. 基本函数

（1）故障分布密度函数图像如图 4-5 所示。

$$f(t) = \frac{1}{\sqrt{2\pi}\sigma} \mathrm{e}^{-\frac{(t-\mu)^2}{2\sigma^2}} \qquad (-\infty < t < +\infty) \qquad (4\text{-}10)$$

（2）故障分布函数图像如图 4-6 所示。

$$F(t) = P(T \leqslant t) = \int_{-\infty}^{t} f(t)\mathrm{d}t = \int_{-\infty}^{t} \frac{1}{\sigma\sqrt{2\pi}} \exp\left[-\frac{1}{2}\left(\frac{t-\mu}{\sigma}\right)^2\right]\mathrm{d}t \qquad (4\text{-}11)$$

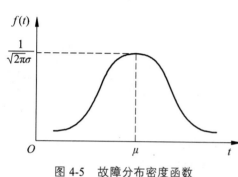

图 4-5　故障分布密度函数

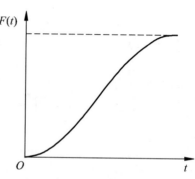

图 4-6　故障分布函数

（3）可靠度函数图像如图 4-7 所示。

$$R(t) = 1 - F(t) = \int_{t}^{+\infty} \frac{1}{\sigma\sqrt{2\pi}} \exp\left[-\frac{1}{2}\left(\frac{t-\mu}{\sigma}\right)^2\right]\mathrm{d}t \qquad (4\text{-}12)$$

（4）故障率函数图像如图 4-8 所示。

$$\lambda(t) = \frac{f(t)}{R(t)} = \frac{\exp\left[-\frac{(t-\mu)^2}{2\sigma^2}\right]}{\int_{t}^{+\infty} \exp\left[-\frac{1}{2}\left(\frac{t-\mu}{\sigma}\right)^2\right]\mathrm{d}t} \qquad (4\text{-}13)$$

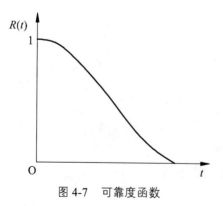

图 4-7　可靠度函数

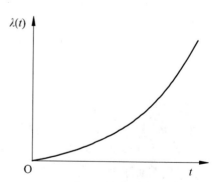

图 4-8　故障率函数

2. 正态分布的标准化

（1）标准正态分布。

当 $\mu = 0$，$\sigma^2 = 1$ 时，即 $T \sim N(0,1)$ 被称为标准正态分布（见图 4-9），它的基本函数如下：

$$f(t) = \varphi(t) = \frac{1}{\sqrt{2\pi}} e^{-\frac{t^2}{2}} \qquad （4\text{-}14）$$

$$F(t) = \Phi(t) = \frac{1}{\sqrt{2\pi}} \int_{-\infty}^{t} e^{-\frac{t^2}{2}} \mathrm{d}z \qquad （4\text{-}15）$$

$$P(a \leqslant t \leqslant b) = \int_{a}^{b} \varphi(t)\mathrm{d}t = \Phi(b) - \Phi(a) \qquad （4\text{-}16）$$

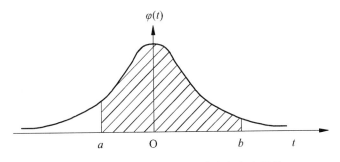

图 4-9　标准正态分布的故障分布密度函数

（2）标准化。

令 $z = \dfrac{t - \mu}{\sigma}$ 即可将正态分布函数标准化，并按照标准正态分布表进行计算求解。

例 4.1　已知 $T \sim N(4, 3^2)$，求 $P(2.5 \leqslant t \leqslant 7)$。

$$z_1 = \frac{t_1 - \mu}{\sigma} = \frac{2.5 - 4}{3} = -0.5$$

$$z_2 = \frac{t_2 - \mu}{\sigma} = \frac{7 - 4}{3} = 1$$

$$P(2.5 \leqslant t \leqslant 7) = P(-0.5 \leqslant z \leqslant 1) = \Phi(1) - \Phi(-0.5) = 0.5328$$

3. 重要性质

（1）3σ 原则。

由正态分布密度函数图像可以看出，它是以 $t = \mu$ 为对称轴的完全对称图形，其中数值分布在 $(\mu-\sigma, \mu+\sigma)$ 中的概率为 0.6826，在 $(\mu-2\sigma, \mu+2\sigma)$ 中的概率为 0.9544，在 $(\mu-3\sigma, \mu+3\sigma)$ 中的概率为 0.9974。

3σ 原则：可以认为随机变量 t 在 $(\mu-3\sigma, \mu+3\sigma)$ 区间几乎是一个绝对事件，因为不在这个范围的可能性不到 0.3%。

（2）加法定理。

令 $T_1 \sim N(\mu_1, \sigma_1^2)$ 和 $T_2 \sim N(\mu_2, \sigma_2^2)$，则有

$$T = (T_1 + T_2) \sim N(\mu_1 + \mu_2, \sigma_1^2 + \sigma_2^2) \tag{4-17}$$

$$T = (T_1 - T_2) \sim N(\mu_1 - \mu_2, \sigma_1^2 + \sigma_2^2) \tag{4-18}$$

4.2.3 对数正态分布

若随机变量 t 取对数后服从正态分布 $N(\mu, \sigma^2)$，则称 t 服从对数正态分布，即 $\ln T \sim N(\mu, \sigma^2)$。对数正态分布在可靠性研究中主要用于描述材料及零部件的疲劳寿命、疲劳强度裂纹增长、腐蚀深度增大等现象，不仅适用于寿命与时间的分布，也适用于维修与时间的分布。

1. 故障分布密度函数

$$f(t) = \frac{1}{t\sqrt{2\pi}\sigma} e^{-\frac{(\ln t - \mu)^2}{2\sigma^2}} \tag{4-19}$$

其图像如图 4-10 所示。

2. 故障分布函数

$$F(t) = \int_0^t \frac{1}{t\sigma\sqrt{2\pi}} \exp\left[-\frac{1}{2}\left(\frac{\ln t - \mu}{\sigma} \right) \right]^2 dt \tag{4-20}$$

其图像如图 4-11 所示。

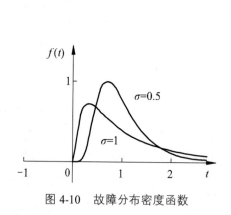

图 4-10 故障分布密度函数　　图 4-11 故障分布函数

3. 可靠度函数

$$R(t) = 1 - F(t) = \int_t^{+\infty} \frac{1}{t\sigma\sqrt{2\pi}} \exp\left[-\frac{1}{2}\left(\frac{\ln t - \mu}{\sigma} \right) \right]^2 dt \tag{4-21}$$

其图像如图 4-12 所示。

4. 故障率函数

$$\lambda(t)=\frac{f(t)}{R(t)}=\frac{\dfrac{1}{t}e^{-\frac{(\ln t-\mu)^2}{2\sigma^2}}}{\displaystyle\int_t^{+\infty}\frac{1}{t}\exp\left[-\frac{1}{2}\left(\frac{\ln t-\mu}{\sigma}\right)\right]^2 \mathrm{d}t}\qquad(4\text{-}22)$$

其图像如图 4-13 所示。

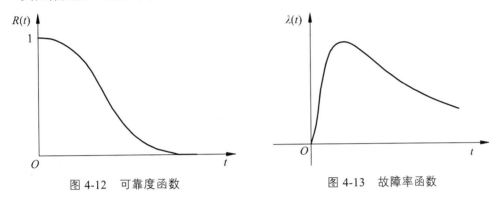

图 4-12　可靠度函数　　　　　　　图 4-13　故障率函数

例 4.2　某弹簧的疲劳寿命服从对数正态分布 ln（13.955 4，0.103 52），问：① 将该弹簧再使用 10^6 次载荷循环后更换，在其更换前失效的概率？② 若要保证它 99%的可靠度，应在多少次载荷循环后更换？

解：① 循环次数为随机变量 n，令 $X=\ln n$，$X\sim N$（13.955 4，0.103 52），则

$$z=\frac{x-\mu}{\sigma}=\frac{\ln 10^6-13.955\,4}{0.103\,52}=-1.351\,6$$

$$\varPhi(z)=\varPhi(-1.3516)=0.088\,5$$

故弹簧在承受 10^6 次循环载荷之前失效的概率为 0.088 5。

② 可靠度 R（x）=0.99，则失效概率 $\varPhi(z)=F(x)=1-R(x)=0.01$，设 n 次循环之前更换，则

$$z=-2.326$$

$$\ln n=13.717$$

$$n=9.06\times10^5$$

因此，为保证可靠度为 0.99，应在工作 9.06×10^5 次循环前更换。

4.2.4　威布尔分布

威布尔分布在可靠性分析中得到越来越广泛的应用，特别适用于疲劳、磨损等故障特性的描述和分析。威布尔分布通常记为 $T\sim W(m,\eta,\delta)$，其中 m、η、δ 依次是它的形状、位置、尺度参数。空管装备中的继电器、开关、磁控管等许多元器件的故障特性往往服从威布尔分布。

1. 故障分布密度函数

$$f(t) = \frac{m}{\eta}\left(\frac{t-\delta}{\eta}\right)^{m-1} e^{-\left(\frac{t-\delta}{\eta}\right)^m} \qquad (\delta < t; m, \eta > 0) \qquad (4\text{-}23)$$

（1）形状参数分析，如图 4-14（a）所示，$\eta = 1$，$\delta = 1$ 时不同 m 的 $f(t)$。

当 $m < 1$ 时，$f(t)$ 曲线随时间单调下降；当 $m = 1$ 时，$f(t)$ 曲线为指数曲线；当 $m > 1$ 时，$f(t)$ 曲线随时间增加出现峰值而后下降；当 $m = 3$ 时，$f(t)$ 曲线已接近正态分布；通常，$m = 3 \sim 4$ 即可当作正态分布。

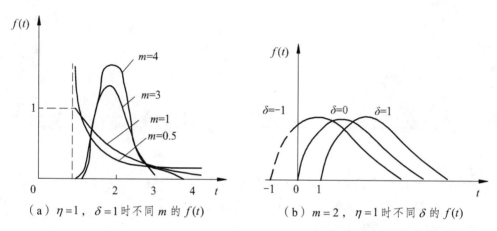

（a）$\eta = 1$，$\delta = 1$ 时不同 m 的 $f(t)$　　　　（b）$m = 2$，$\eta = 1$ 时不同 δ 的 $f(t)$

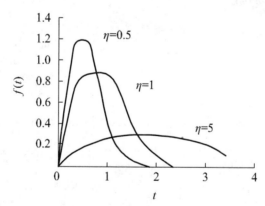

（c）$m = 2$，$\delta = 0$ 时不同 η 的 $f(t)$

图 4-14　故障分布密度函数

（2）位置参数分析，如图 4-14（b）所示，$m = 2$，$\eta = 1$ 时不同 δ 的 $f(t)$。

当 $\delta < 0$ 时，产品开始工作时就已失效了，即这些元件在储存期已失效，曲线由 $\delta = 0$ 时的位置向左平移 $|\delta|$ 的距离；当 $\delta = 0$ 时，$f(t)$ 曲线为二参数威布尔分布；当 $\delta > 0$ 时，表示这些元件在起始时间 δ 内不会失效，$f(t)$ 曲线由 $\delta = 0$ 时的位置向右平移 $|\delta|$ 的距离，此时可将 δ 称为最小保证寿命。

（3）尺度参数分析，如图 4-14（c）所示，$m=2$，$\delta=0$ 时不同 η 的 $f(t)$。当 η 值增大时，$f(t)$ 的高度变小而宽度变大。

2. 故障分布函数

$$F(t)=1-\mathrm{e}^{-\left(\frac{t-\delta}{\eta}\right)^{m}} \qquad (\delta<t;m,\eta>0)$$

（4-24）

其图像如图 4-15 所示。

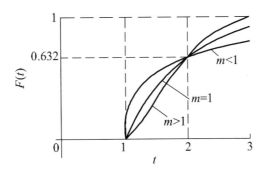

图 4-15 故障分布函数（$\eta=1$，$\delta=1$）

3. 可靠度函数

$$R(t)=\mathrm{e}^{-\left(\frac{t-\delta}{\eta}\right)^{m}} \qquad (\delta<t;m,\eta>0)$$

（4-25）

其图像如图 4-16 所示。

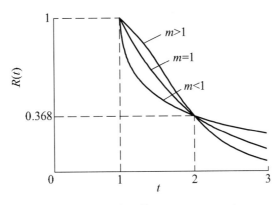

图 4-16 可靠度函数（$\eta=1$，$\delta=1$）

4. 故障率函数

$$\lambda(t)=\frac{m}{\eta}\left(\frac{t-\delta}{\eta}\right)^{m-1} \qquad (\delta<t;m,\eta>0)$$

（4-26）

其图像如图 4-17 所示。

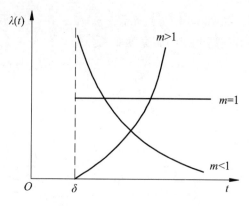

图 4-17 故障率函数（$\delta \neq 0$）

例 4.3 已知某装备的机械零件的疲劳寿命服从威布尔分布，参数 $m=2$，$\eta=200\ \text{h}$，$\delta=3\ \text{h}$，试推算该零件工作到 50 h 时不失效的概率。

解： 由题意得 $T \sim W(2,200,3)$，则

$$R(50)=e^{-\left(\frac{50-3}{200}\right)^2}=0.9463$$

故该零件工作到 50 h 时不失效的概率为 0.9463。

4.2.5　二项分布

二项分布记作 $X \sim B(n,p)$，常用于产品的故障抽检。进行 n 次独立试验，在一次试验中有两种可能结果，故障事件发生的概率为 p，不发生的概率为 $q=1-p$，则在 n 次试验中刚好有 x（0，1，2，…）次发生的概率为

$$P(X=x)=C_n^x q^{n-x} p^x=\frac{n!}{x!(n-x)!}q^{n-x}p^x \tag{4-27}$$

它累积发生 k 次的概率为

$$P(X \leqslant k)=\sum_{x=0}^{k} C_n^x q^{n-x} p^x=\sum_{x=0}^{k}\frac{n!}{x!(n-x)!}q^{n-x}p^x \tag{4-28}$$

二项分布有 n、p 两个独立参数，它均值和方差分别是 $E(X)=np$ 和 $D(X)=npq$。

4.2.6　泊松分布

泊松分布记作 $X \sim P(\lambda)$，可以认为是二项分布的特殊形式。对于二项分布，若 n 很大，p 很小，则有

$$P(X=x)=\lim_{n \to \infty}\binom{x}{n}q^{n-x}p^x=\frac{\lambda^x}{x!}e^{-\lambda} \tag{4-29}$$

它累积发生 k 次的概率为

$$P(X \leqslant k) = \sum_{x=0}^{k} \frac{\lambda^x}{x!} e^{-\lambda} \tag{4-30}$$

通常当 $n \geqslant 50$、$p < 0.1$、$\lambda = np < 10$ 时，可用泊松分布代替二项分布。泊松分布只有一个独立参数 λ，它均值和方差是 $E(X) = D(X) = \lambda$。

4.2.7 常用分布小结

空管装备的故障特性比较复杂，故障分布也是多种多样的，上述几种分布都可用于空管装备故障特性分析，而且可揭示不同阶段、不同型别装备的故障特征规律，表 4-1 给出了各种分布的适用范围。

表 4-1 常用分布的适用范围

分布类型	适用范围
指数分布	具有恒定故障率的部件、无余度的复杂系统、在耗损故障前进行定时维修的装备、由随机高应力导致故障的部件、使用寿命期内出现弱耗损型故障的部件等
正态分布	变压器、轮胎磨损、灯泡等
对数正态分布	半导体器件、硅晶体管、电动绕组绝缘、飞机结构、金属疲劳等
威布尔分布	继电器、开关、断路器、某些电容器、电子管、磁控管、电位计、陀螺、电动机、滚珠轴承，蓄电池、活门、材料疲劳等
二项分布、泊松分布	产品抽检分析

4.3 故障的宏观规律

空管装备故障的演变规律，是装备保障人员进行维修工作的基础和必须掌握的知识。空管装备故障的宏观规律，将故障作为一个随机事件来看待，研究装备故障发生频率与使用时间之间关系的统计规律，一般用故障率随时间变化的关系曲线表示，即故障率曲线。对空管装备故障宏观规律的认识和掌握，在很大程度上反映了维修理论研究和维修实践的成果，表明了人们对维修规律的认知程度。目前，在故障宏观规律研究方面，先后提出了浴盆曲线规律、复杂装备无耗损区规律、全寿命故障率递减规律等有代表性的研究成果。

4.3.1 典型故障率曲线

故障率浴盆曲线模型于 1950—1952 年提出，1959 年被正式命名，是最经典的故障率曲线，如图 4-18 所示。

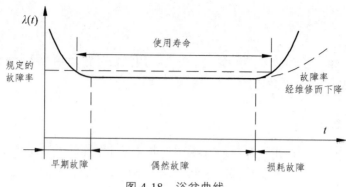

图 4-18 浴盆曲线

1. 早期故障期

早期故障出现在产品开始工作的初期，其特点是故障率较高，且随时间的增加而迅速下降。这主要是由于设计和制造工艺上的缺陷而导致产品发生故障，如原材料有缺陷、绝缘不良、装配调整不当等，可以通过加强对原材料和工艺的检验、对产品进行可靠性筛选等办法来淘汰早期发生故障的产品。

2. 偶然故障期

产品在早期故障后，表现为偶然（随机）故障的时期。这期间产品故障率低且稳定，近似为常数，故障主要由偶然因素引起。此阶段是产品的主要工作时期，产品在偶然故障期内不必进行预防性维修。

3. 耗损故障期

在产品使用后期，耗损性故障占主导地位。这期间的特点是故障率迅速上升，故障主要是由于电子元器件老化、疲劳、损耗而引起，如果事先预计到耗损开始的时间，就可采取一套预防性维修和更新措施，修复或更新某些元部件，可把上升的故障率降下来。

浴盆曲线的提出，在维修理论研究和维修实践中具有重要作用和地位。首先，浴盆曲线能在一定程度上反映空管装备的故障规律和形成过程，空管装备故障多种多样，但有一个形成过程，必须从源头入手，在空管装备研制过程中，严把质量关，进行严格的筛选，保证空管装备性能质量的稳定可靠。其次，浴盆曲线在一定程度上为科学维修提供了指导，有效的维修必须与装备故障特性相适应，即应充分利用和发挥装备的有用寿命，只做该做的维修工作。

维修理论和实践表明，浴盆曲线并不是万能和完美的，浴盆曲线所揭示的故障规律适用范围是有限的。因此，应辩证对待浴盆曲线这一经典的故障率曲线，既要充分认识浴盆曲线在空管装备维修中所发挥的作用，同时应从发展的角度，根据空管装备更新换代及其功能结构、使用特点，积极探索空管装备故障新的规律特性。

4.3.2 复杂装备无耗损区规律

复杂装备无耗损区规律于 20 世纪 60 年代提出，其中复杂装备是相对简单设备而言的。简单设备是指只有一种或很少几种故障模式的设备，如轮胎属于简单设备，它的故障模式主要是磨损。复杂装备是指具有多种故障模式的设备，如飞机、轮船、汽车及其各分系统、设备和动力装置均属复杂设备，空管装备中的二次雷达（SSR）、场面监视雷达（SMR）、甚高频全向信标（VOR）、测距仪（DME）、仪表着陆系统（ILS）等也都属于复杂装备的范畴。

复杂装备无耗损区规律源于人们对航空装备故障率曲线的研究。20 世纪 60 年代，美国联合航空公司积极开展维修改革，对大量的航空装备的故障特性进行统计分析，绘制了许多设备、部件的故障率曲线，发现航空装备的故障率曲线主要有 6 种基本形式，如图 4-19 所示。

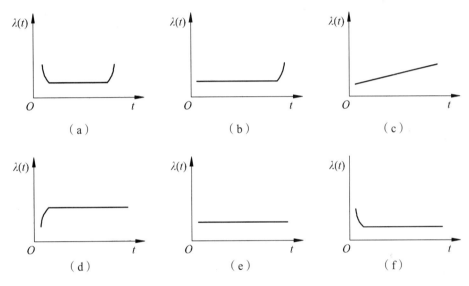

图 4-19　6 种基本形式的故障率曲线

图中（a）曲线有明显的耗损期，符合浴盆曲线的特点，约占装备机件总数的 4%；（b）曲线也有明显的耗损期，约占 2%；（c）曲线无明显的耗损期，但随时间增长，故障率也在增加，约占 5%；（d）、（e）、（f）曲线根本无耗损期，约占 89%。因此，航空装备可分为有耗损特性和无耗损特性两大类。有耗损特性的装备、机件只占总装备数的 11%，往往是单体机件或简单机件，这类设备可以规定寿命；无耗损特性的装备、机件约占总数的 89%，往往是复杂装备，这类装备不需要规定寿命。根据空管装备维护维修经验来看，大多数空管装备在正常使用期内的故障率基本上是常数，而随着空管装备的复杂化，其故障发生规律已不同于早期的简单设备。

复杂装备无耗损区的故障规律认为大多数空管装备是一种复杂设备，具有多种多样的故障模式，对空管维修应采取科学、务实的态度，区别简单设备和复杂设备，分别采取适当的维修对策，这种维修的规律性认识是在对大量设备故障数据统计分析的基础上得出的，具有较为扎实的理论和实践基础，对科学维修具有重要的指导意义。

4.3.3 全寿命周期故障率递减规律

20 世纪 80 年代以来，出现了统一场故障理论。该理论认为，现代电子装备的故障发生遵从全寿命周期故障率递减规律，即在整个装备的寿命周期内，它的故障率随时间的增长而不断降低。其基本观点：装备存在着固有的缺陷，在内外应力的作用下，缺陷导致装备发生功能故障；应力施加的速度快，故障就会提前出现；每个偶然故障都有其原因和结果，通过施加应力可以加速故障的发生；随着应力施加时间的增加，装备缺陷总数按指数递减，因而故障率也将按指数递减，装备从制造、试验到使用都存在这种相同的过程。

统一场故障理论的实质是将装备出厂前筛选的概念扩大到使用阶段，装备在工厂筛选阶段，经过工厂筛选或在严格条件下运转，并剔除缺陷，使装备在工厂筛选阶段的故障率呈递减型。装备在正式使用时，受到内外应力使用，其缺陷最终发展为故障，经检查发现后加以排除。所以装备的使用过程可看作是一种筛选过程，只是筛选的时间、应力大小和方式与工厂筛选不同。如果把筛选的过程移到使用阶段，那么使用阶段也将出现故障率递减的现象，即在同一组应力作用下，装备的故障率将随应力施加的时间增加而递减。

4.3.4 故障率曲线与空管维修

故障率曲线能够灵敏地反映空管装备故障特性随时间变化的趋势，据此可制订出有效的维修计划和维修对策，因而故障率曲线在空管装备维修领域十分有用，可被广泛地用于空管装备质量标准的制定、检查验收和维修策略的制订等过程。例如，根据故障率曲线可以判断空管装备是否存在早期故障、耗损型故障，装备质量是否符合标准：

（1）故障率增加。空管装备经过一段时间的使用之后，故障率开始随时间而迅速增加，进入耗损故障期。如果在装备进入耗损故障期之前按维修间隔期限定时更换，就可以遏制装备故障率急剧增长的趋势，即是定时更换有效果。

（2）故障率不变。由于故障率是一常数，即使按一定的间隔期限 T 定时更换，故障率不会发生变化，任务能力也不会有所改善，即用新品或工作时间短的机件去更换工作时间长的机件是没有效果的。如果在这种情况下实施更换修理，则可能引起附加的早期故障，或增加人为差错故障等。

（3）故障率降低。由于故障率随使用时间的增加而减少，如果这时在一定的维修间隔期限内实施更换修理，试图用新件更换在用件，就相当于用故障率高的机件更换故障率低的机件，不仅不能降低装备总的故障率，反而会产生相反的效果，每次定时更换都会引起故障率的升高，使平均故障率保持在一个较高的水平上。

上述分析表明，故障率曲线对预防性维修工作的正确决策十分重要。只有故障率变化属于递增型，且表现出故障集中出现的趋势，定时更换才是有效的。如果故障率变化属于递减型或常数型这两种情况，定时更换不仅是没有效果的，还会导致维修资源的浪费，甚至会产生相反的效果。当然，故障影响是多方面的，在采取维修行动时必须进行综合权衡，对于那些影响安全、任务或具有重大经济性影响的故障，必须进行有效监控，实施视情维修或主动维修；而对于那些故障影响或损失不大，可以采取事后维修，而不必采取定时更换这一维修策略。

4.4 故障数据的统计分析

故障数据的统计分析是空管装备故障宏观研究的一个重要方面，它的基本流程如图4-20 所示。故障数据的统计分析是利用概率论和数理统计的方法统计处理空管装备故障数据，量化分析空管装备的可靠性状况、故障发生或可能发生的原因，确定空管装备的故障模式和故障机理，明确故障的规律特征和发展趋势，及时采取相应维修对策，以确保空管装备持续进行可靠工作的能力。

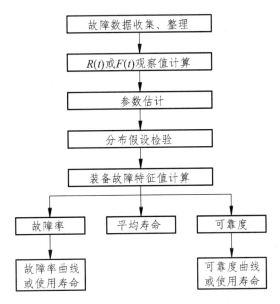

图 4-20 故障数据统计分析的基本流程

4.4.1 故障数据的收集与分析

故障数据的收集与整理，是故障统计分析的一项基础性工作，贯穿空管装备寿命周期全过程。在研制阶段，既要收集同类装备的故障数据，同时还要对该阶段研究和试验所产生的故障数据进行收集和分析，以便为装备改进、定型提供科学依据。生产制造阶段所产生的故障数据反映了装备的设计和制造水平。装备使用过程所产生的故障数据则可直接反映装备的技术状态变化和维修保障需求，为实施科学维修提供依据，同时也可为装备改进提供有价值的参考。

由于空管装备的使用和维修保障过程中，人为因素和环境因素都可能引起空管装备发生故障。因此，为保证所收集故障数据的质和量，首先应进行数据需求分析，明确数据收集的内容、目的和标准，制订周密的数据收集计划；其次要采用正确、适合的数据收集方法和技术，确保维修数据的准确性、完整性、及时性和可用性；最后要善于利用各种方法和工具，挖掘数据的内在联系，科学指导维修实践。

4.4.2　故障分布参数的估计

在故障数据的统计分析中，人们经常遇到的问题是如何选取子样以及根据子样来对总体的统计特征做出估计。实际工作中碰到的随机变量（总体）往往分布类型大致知道，但确切的形式并不知道。要确定出总体的故障分布函数 $F(x)$ 或故障密度 $f(x)$，首先必须估计出总体的参数，这类问题就是参数估计问题。它一般有两种方法：一是点估计，就是以样本的某一函数值作为总体中未知参数的估计值；二是区间估计，就是把总体的数字特征确定在某一范围内。

1. 点估计

设总体 X 的分布函数形式已知，但它的一个或多个参数为未知。如果得到了随机变量 X 的一组样本观察值 $x_1, x_2, \cdots, x_n$，利用样本观察值来估计总体参数的值，这类问题被称为参数的点估计问题。获得参数估计量的典型方法就是极大似然估计法。

设总体 X 的概率密度函数 $f(x, \theta)$ 为已知，它只含一个未知参数 θ。于是，总体 X 的一组样本 $X_1, X_2, \cdots, X_n$ 的联合概率密度等于 $\prod\limits_{i=1}^{n} f(x_i, \theta)$。显然，对于样本的一个观察值 $x_1, x_2, \cdots, x_n$，它是 θ 的函数，记为

$$L = L(x_1 + x_2 + \cdots + x_n, \theta) = \prod_{i=1}^{n} f(x_i, \theta) \tag{4-31}$$

并把它称为似然函数。

极大似然法估计的基本思想：如果在一次观察中一个事件出现了，则可认为该事件出现的可能性很大，利用这种思想，可以估计连续型总体的未知参数，如 λ、μ、σ^2 等，据此给出下述定义。

设总体 X 仅含一个未知参数 θ，并且总体分布的形式为已知，$x_1, x_2, \cdots, x_n$ 为随机变量 X 的一组观察值。若存在 θ 的一个值 $\hat{\theta}$，使得似然函数 $L(x_1, x_2, \cdots, x_n, \theta)$ 在 $\theta = \hat{\theta}$ 时，有

$$L(x_1, x_2, \cdots, x_n, \theta) = \max \tag{4-32}$$

则 $\hat{\theta}$ 是 θ 的一个极大似然估计值。

由定义可知，求总体参数 θ 的极大似然估计值 $\hat{\theta}$ 的问题，就是求似然函数 L 的最大值问题。在 L 关于 θ 为可微时，要使 L 取得最大值，θ 必须满足

$$\frac{\mathrm{d}L}{\mathrm{d}\theta} = 0 \tag{4-33}$$

由式（4-33）可解得 θ 的极大似然估计值 $\hat{\theta}$。

由于 L 与 $\ln L$ 在同一 θ 值处取得极值，所以 $\hat{\theta}$ 可由

$$\frac{\mathrm{d}\ln L}{\mathrm{d}\theta} = 0 \tag{4-34}$$

求得，这往往较直接使用式（4-33）计算来得简便。

例 4.4 设 $t_1, t_2, \cdots, t_n$ 为指数分布的一个样本，试求参数 λ。

解： 由题意，$f(t, \lambda) = \lambda e^{-\lambda}$，得似然函数

$$L = \prod_{i=1}^{n} f(t_i, \lambda) = \prod_{i=1}^{n} (\lambda e^{-\lambda t_i}) = \lambda^n e^{-\lambda \sum_{i=1}^{n} t_i}$$

则有 $\ln L = n \ln \lambda - \lambda \sum_{i=1}^{n} t_i$，令 $\dfrac{\partial \ln L}{\partial \lambda} = \dfrac{n}{\lambda} - \sum_{i=1}^{n} t_i = 0$ 于是故障率 λ 的极大似然估计值为

$\hat{\lambda} = \dfrac{1}{n} \sum_{i=1}^{n} t_i = 0$。

极大似然估计法也适用于分布中含有多个未知参数 $\theta_1, \theta_2, \cdots, \theta_n$ 的情形，此时，似然函数是这些未知参数的函数。令 $\ln L$ 关于这些参数的偏导数等于 0，即

$$\frac{\partial}{\partial \theta_1} \ln L = \frac{\partial}{\partial \theta_2} \ln L = \cdots = \frac{\partial}{\partial \theta_n} \ln L = 0 \qquad （4\text{-}35）$$

解之，即可得各未知参数 θ_i 的极大似然估计值 $\hat{\theta}_i$。

2. 区间估计

人们在测量或计算时，常不以得到近似值为满足，还需估计误差，即要求更确切地知道近似值的精确程度。类似地，对于未知参数 θ，除了求出它的点估计 $\hat{\theta}$ 外，还希望能估计出一个范围，并希望知道这个范围包含参数 θ 真值的可靠程度。既要给区间的范围，还要给出此区间包含参数 θ 真值的可靠程度，这种形式的估计被称为区间估计。

现在引入置信区间的定义，设总体分布含有一个未知参数 θ，若由样本确定的两个统计量 $\underline{\theta}(x_1, x_2, \cdots, x_n)$ 及 $\overline{\theta}(x_1, x_2, \cdots, x_n)$，对于给定值 $\alpha(0 < \alpha < 1)$ 满足

$$P\{\underline{\theta}(x_1, x_2, \cdots, x_n) < \theta < \overline{\theta}(x_1, x_2, \cdots, x_n)\} = 1 - \alpha \qquad （4\text{-}36）$$

则称随机区间 $(\underline{\theta}, \overline{\theta})$ 为 θ 的 $100(1-\alpha)\%$ 置信区间。$\underline{\theta}$ 及 $\overline{\theta}$ 称为 θ 的 $100(1-\alpha)\%$ 置信限（$\underline{\theta}$ 及 $\overline{\theta}$ 分别为置信下限和置信上限），百分数 $100(1-\alpha)\%$ 为置信水平。

式（4-36）的含义：若反复抽样多次（每次得到的样本容量都相等），每组样本观察值确定一个区间 $(\underline{\theta}, \overline{\theta})$，每个这样的区间要么包含 θ 的真值，要么不包含 θ 的真值，按伯努利定理，在这样的区间中包含 θ 真值的约占置信限 $100(1-\alpha)\%$，不包含 θ 真值的仅占 $100\alpha\%$ 左右。

例 4.5 设总体 $X \sim N(\mu, 0.09)$，随机抽得 4 个独立观察值 x_1, x_2, x_3, x_4，求总体均值 μ 的 95% 的置信区间。

解： 由题意，$\alpha = 1 - 0.95 = 0.05$，样本容量 $n = 4$，$\sigma = \sqrt{0.09} = 0.3$。因为样本均值 $\overline{X}$ 为 μ 的一个点估计，且 $\dfrac{\overline{X} - \mu}{\sigma / \sqrt{n}} = \dfrac{2}{0.3}(\overline{X} - \mu)$ 所服从的分布 $N(0,1)$ 是不依赖于 μ 的，因此按

双侧 100α 百分位点的定义，对于给定的置信水平 95%（即 $\alpha = 0.05$），有

$$P\{-z_{0.025} < \frac{2}{0.3}(\bar{x} - \mu) < z_{0.025}\} = 0.95$$

由不等式 $-z_{0.025} < \frac{2}{0.3}(\bar{x} - \mu) < z_{0.025}$，得

$$\bar{x} - \frac{2}{0.3}z_{0.025} < \mu < \bar{x} + \frac{2}{0.3}z_{0.025}$$

因为 $z_{0.025} = 1.96$，故 μ 的置信区间为 $(\bar{x} - 0.294, \bar{x} + 0.294)$。

4.4.3 故障分布检验

前面介绍了在掌握总体分布情况下根据样本值确定分布参数估计值的方法，这是统计推断的一个重要方面，而统计推断的另一个重要方面就是如何根据样本信息来判断总体分布是否具有指定的特征。前文估计分布参数时，是在假设已知其分布的类型（如指数分布、正态分布、威布尔分布等）作为前提的，这种假设是否正确、合理，需要利用样本信息进行分析判断，这类问题被称为假设检验。

所谓假设检验，是指在总体上做某种假设，并从总体随机地抽取一个子样，用它检验该假设是否成立。在总体上做假设可以分成两类：一是对总体的数字特征做某项假设，如已知样本来自正态分布总体，确认是否有理由说它是来自均值为 μ_0 的正态主体，这一类问题被称为参数假设检验；二是对总体分布做某项假设，用总体中子样来检验该假设是否成立，这一类假设称为分布假设检验，本节主要讨论此类情况。

1. 故障分布假设检验的基本步骤

（1）对总体 X 提出假设 H_0，有时还需要提出备择假设 H_1。

（2）选取适当的显著性水平 α（ $\alpha = 0.05$ 或 0.1）。

（3）确定检验用的统计量 U，在原假设 H_0 成立的前提下确定其概率分布。

（4）确定拒绝域。

（5）依据样本观察值确定接受还是拒绝原假设 H_0。

假设检验与参数区间估计之间有着密切联系。首先，参数区间估计中假设参数是未知的，需要用子样对它进行估计，而假设检验对参数值做了假设，认为它是已知的，用子样对假设做检验。从某种意义上而言，假设检验是参数区间估计的另一面。另外，假设检验的统计量的选取与区间估计相应问题中用到的函数形式有时是一致的，如对于方差已知的正态总体而言，利用函数 $\frac{\bar{X} - \mu}{\sigma / \sqrt{n}}$ 做总体均值的区间估计，而用统计量 $\frac{\bar{X} - \mu_0}{\sigma / \sqrt{n}}$ 来检验总体均值的假设 H_0： $\mu = \mu_0$。

2. χ^2 检验法

（1） χ^2 分布。

设 $X_1, X_2, \cdots, X_n$，是独立同分布随机变量，而每一个随机变量都服从标准正态分布 $N(0,1)$，则随机变量 $\chi^2 = X_1, X_2, \cdots, X_n$ 的分布密度为

$$f(t) = \begin{cases} \dfrac{1}{2^{\frac{n}{2}} \Gamma\left(\dfrac{n}{2}\right)} t^{\frac{n}{2}-1} \mathrm{e}^{-\frac{t}{2}}, & (t>0) \\ 0, & (t \leqslant 0) \end{cases} \qquad (4\text{-}37)$$

式中　$\Gamma\left(\dfrac{n}{2}\right)$——伽马函数在 $n/2$ 处的值，这种分布称为自由度为 n 的 χ^2 分布，记为 $\chi^2(n)$。

（2）χ^2 检验。

χ^2 检验用来验证统计得到的经验分布函数 $F_n(t)$ 与假设某总体分布 $F(t)$ 是否一致。将观察得到的样本数据分组，选用 χ^2 统计量作为 $F_n(t)$ 与 $F(t)$ 之间的差异度。χ^2 统计量为

$$\chi^2 = \sum_{i=1}^{k} \frac{(f_i - Np_i)^2}{Np_i} \qquad (4\text{-}38)$$

式中　k——样本数据分组区间数；

　　　f_i——落入第 i 区间的故障数，要求 $f_i \geqslant 5$；

　　　N——子样容量，要求 $N \geqslant 50$；

　　　p_i——理论上落入第 i 区间的概率，$p_i = P\{b_{i-1} < X \leqslant b_i\} = F(b_i) - F(b_{i-1})$；

　　　Np_i——第 i 区间故障频数。

可以证明，N 足够大时，$F_n(t)$ 与 $F(t)$ 差异统计量 χ^2 的渐近分布服从自由度 $n = k-1$ 的 χ^2 分布。当所假设理论分布 $F(t)$ 的参数是用统计样本数据计算出来的时，自由度 $n = k-l-1$，其中 l 为所估计总体分布参数的个数，即对于给出显著性水平 α 有

$$P\{\chi^2 \geqslant \chi_\alpha^2(n)\} = \alpha \qquad (4\text{-}39)$$

当 $\chi^2 \geqslant \chi_\alpha^2(n)$ 时，拒绝原假设 H_0；当 $\chi^2 < \chi_\alpha^2(n)$ 时，接受原假设 H_0。

（3）χ^2 检验的基本步骤。

① 以每组频数 $f_i \geqslant 5$ 为基准，将样本数据分组，统计各组频数，并提出假设 H_0。

② 估计参数。

③ 给定显著性水平 α。

④ 计算样本统计量：$\chi^2 = \dfrac{(f_i - Np_i)^2}{Np_i}$。

⑤ 根据 (n, α) 查表，确定 $\chi_\alpha^2(k-l-1)$ 值。

⑥ 做出判断：当 $\chi^2 \geqslant \chi_\alpha^2(k-l-1)$，拒绝原假设；当 $\chi^2 < \chi_\alpha^2(k-l-1)$，接受原假设。

例 4.6　已知某雷达 81 个磁控管故障前工作时间数据如下（单位：h）：126，287，201，27，106，195，177，222，152，130，198，95，30，87，296，1，267，67，336，

310，400，379，23，190，103，191，162，176，152，11，229，41，74，49，29，92，148，13，302，91，68，180，489，175，331，127，266，4，56，583，620，261，32，188，243，84，66，289，105，636，39，49，161，50，126，198，126，119，7，167，112，261，389，251，230，16，259，591，653，630，548。显著性水平 $\alpha = 0.05$，试用 χ^2 检验判断其故障分布是否为指数分布。

解： ① 做出假设：H_0 为指数分布 $f(t) = \lambda e^{-\lambda t}$。

② 估计参数 λ：$\lambda^* = \dfrac{r}{T} = \dfrac{81}{15\,957} = 5.076 \times 10^{-3}/h$。

③ 显著性水平 $\alpha = 0.05$。

④ 列表计算样本统计量：$\chi^2 = \dfrac{(f_i - Np_i)^2}{Np_i}$，见表 4-2。

⑤ 由题意，自由度 $n = 8 - 1 - 1 = 6$，由 χ^2 分布表查得 $\chi^2_{0.05}(6) = 12.59$。

⑥ 做出判断。因为 $\chi^2 = 10.39 < \chi^2_{0.05}(6) = 12.59$，故接受原假设 H_0，即磁控管的故障分布服从指数分布。具体计算结果见表 4-2。

表 4-2　χ^2 检验计算结果

序号	区间界限	$F(t_i)$	p_i	Np_i	f_i	$\dfrac{(f_i - Np_i)^2}{Np_i}$
1	1~50	0.776	0.224	18.14	16	0.253
2	51~100	0.602	0.174	14.09	10	1.189
3	101~150	0.467	0.135	10.94	11	0.000 4
4	151~200	0.362	0.105	8.51	15	4.957
5	201~250	0.281	0.081	6.56	5	0.37
6	251~300	0.218	0.063	5.10	9	2.978
7	301~400	0.131	0.087	7.05	7	0.000 3
8	≥401	0	0.131	10.61	8	0.643
合计				81	81	10.39

通过故障分布检验，便可确定该装备的故障分布，利用该故障分布函数，便可确定其故障率的变化趋势，掌握该装备的故障特性，使维修更有针对性。

4.5　装备故障预测

4.5.1　故障预测技术概述

故障预测技术是采用故障预测单元、故障预兆参数监测和基于失效物理分析的环境监测等方法来获得产品失效相关信息的，在此基础上利用数据分析技术得到产品临近失效的特征并以此给出产品即将失效的预警。从目前研究工作综合来看，故障预测方法分类很多，最常见的可以分为以下几种：① 基于模型的故障预测技术；② 基于数据驱动的故障预测技术；③ 基于概率统计的故障预测技术。

1. 基于模型的故障预测技术

基于模型的故障预测方法假定可以获得对象系统精确的数学模型。这种方法通过对功能损伤的计算来评估关键零部件的损伤程度，通过建立物理模型或随机过程建模，用来评估部件剩余寿命。通常情况下，对象系统的故障特征通常与所用模型的参数紧密联系，随着对设备或系统故障演化机理研究的逐步深入，可以逐渐修正和调整模型以提高其预测精度。

灰色模型（Grey Model）是1952年由我国邓聚龙教授提出的，是目前常用的预测模型之一，它通过一阶微分方程揭示数列的发展规律，对于故障短期预测效果较好。灰色模型的基本思想：根据系统的普遍发展规律，建立一般性的灰色微分方程，通过对数据序列的拟合，求得微分方程的系数，从而获得灰色预测模型。

基于滤波器的算法主要包括卡尔曼滤波器和粒子滤波器两种。卡尔曼滤波器基本思想是通过对含有噪声的观测信号的处理，得到被观测系统状态的统计估计信息。粒子滤波器方法是通过非参数化的蒙特卡罗模拟方法来实现贝叶斯滤波，用样本形式对先验信息和后验信息进行描述。基于滤波器的方法要求系统模型已知，当模型比较精确时，通过比较滤波器的输出与实际输出值的残差，实时调整滤波器参数，能够较好地估计系统的状态，同时也能对系统的状态做短期预报。但是一旦模型不准确，滤波器估计值就可能发生较大偏差。

2. 基于数`据驱动的故障预测技术

如果不同信号引发的故障数据或依据统计得来的数据集，难以确定准确的数学模型，在故障预测时容易造成过大偏差，装备的测试或传感器数据也能成为故障预测的一种手段。基于测试或者传感器数据进行预测的方法被称为基于数据驱动的故障预测技术。

基于数据驱动的故障预测技术不需要对象系统的先验知识，以采集的数据为基础，通过各种数据分析处理方法挖掘其中所隐含信息进行预测，从而避免了基于模型的故障预测技术的缺点，成为一种较为实用的故障预测方法。典型的方法有人工神经网络、模糊系统和其他人工智能算法。数据驱动方法的具体划分如图 4-21 所示。

3. 基于概率统计的故障预测技术

如果无法确定一个完整的动态模型或给出输入和输出之间的系统微分方程，那么可以通过从过去故障历史数据的统计特性角度进行故障预测，这种方法被称为基于概率统计的故障预测方法。基于概率统计的故障预测方法包括时间序列预测法、回归预测法等。

时间序列预测法是把预测对象的历史数据按一定的时间间隔进行排列，构成一个随时间变化的统计序列，建立相应的数据随时间变化的模型，并将该模型外推到未来进行预测。也可以根据已知的历史数据拟合一条曲线，使得这条曲线能反映预测对象随时间变化的趋势，从而按照曲线估计出未来某一时刻的预测值。此方法有效的前提是过去的发展模式会延续到未来，因而这种方法对短期预测效果较好。

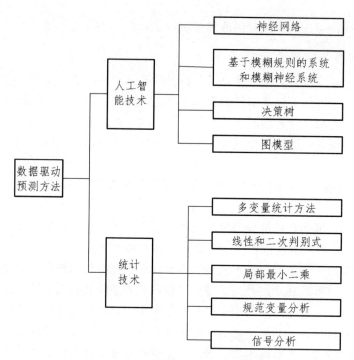

图 4-21　主要数据驱动的预测方法

　　回归预测法是根据历史数据的变化规律，寻找自变量与因变量之间的回归方程式，确定模型参数，据此做出预测。根据自变量的多少可以将回归问题分为一元和多元回归；按照回归方程的类型可分为线性和非线性回归。回归分析法的主要特点是预测过程简单，将预测对象的影响因素分解，考察各因素的变化情况，从而估计预测对象未来的数量状态。回归分析法要求的样本量大并且有较好的分布规律，当预测的长度大于已有的原始数据长度时，采用该方法进行预测在理论上不能保证预测结果的精度。

4.5.2　PHM

1. PHM 概述

　　1998 年，美国最早提出 PHM（Prognostics and Health Management）概念，即故障预测和健康管理。PHM 利用尽可能少的传感器采集系统的各类数据信息，借助各种推理算法和智能模型（如物理模型、神经网络、数据融合、模糊逻辑、专家系统等）来监控、预测和管理系统的状态，分析系统自身的健康状况，在系统发生故障前能尽早监测且能有效预测，并结合各种信息资源提供一系列的维修保障措施以实现系统的视情维修。

　　PHM 技术近年越来越受到重视，广泛地应用于航天器集成健康管理系统、飞机状态监测系统、发动机监测系统、综合诊断预测系统等。PHM 是压缩维修保障费用的重要手段，其通过减少备件、保障设备和维修人力等保障资源需求来降低维修保障费用；通过减少维修次数特别是计划外的维修次数来缩短维修时间，提高任务完好率；通过健康感知来减少任务过程中故障引起的风险，提高任务成功率。

2. 基于 PHM 的故障预测

对于电子装备而言，故障预测的内容主要包括三个部分：第一部分是对未来一段时间内装备各部件、各系统故障发生的时间进行预测；第二部分是对装备各部件、各系统可以正常工作时间的预测，即剩余寿命预测；第三部分是结合装备未来服役环境的特点对各部件、各系统下一次故障发生的概率进行预测。国际上常用的电子装备故障预测方法主要有以下三种。

（1）内置故障预测单元的电子产品设计。

故障预测单元法是指在产品上预置一个预警单元，以模拟被监测产品的电特性和环境适应特性。产品工作时对该单元施加大于被监测产品的电应力或环境应力，使该单元在被监测产品失效前失效。通过设定监测单元的应力级别，可以控制监测单元失效到被监测产品失效之间的距离；通过测试故障预警单元的状态，可以判定其是否失效，也可以由故障预警单元直接给出失效预报信号。该方法的另一种实现形式是保持故障预警单元的电应力和环境应力与被监测产品的一致，而将预警单元承受电应力和环境应力的能力降低，这样也能达到同样的预警效果。

故障预测单元可以是设备功率参数的预测单元，也可以是环境参数的预测单元。对于功率器件，可以在相同的工作条件下配置一个耗散功率低于正常器件的预警芯片，该芯片在与工作芯片相同的功率条件下会早于工作芯片而失效，当该芯片失效时说明工作应力已经达到了工作芯片即将失效的条件，因而可以据此给出提前维修的提示。例如，在额定电流为 1 A 的功率驱动器附近，安装一只额定电流为 0.98 A 的芯片，并在该预测芯片后端设置一个 1 A 的负载。这样，当额定电流为 1 A 的工作芯片通过 1 A 电流时，额定电流为 0.98 A 的预测芯片也通过 1 A 的电流。此时，预测芯片相当于通过了略高于其额定电流的电流，将早于工作芯片失效。当预测芯片失效时，工作芯片也接近失效。这样便可以在预测芯片失效时，提前更换工作芯片或进行设备的其他维修，从而避免设备在执行正式任务时因失效而影响工作性能。

（2）基于故障预兆和推理的预测。

故障预兆参数法是指如果产品的被测参数中的某个参数发生变化即预示着该产品即将失效，则可以根据该参数的变化情况推断出产品将要失效的结论，该参数就是这一产品的故障预兆参数。故障预兆参数法是故障预测最直观、最有效的方法，它特别适用于装备的某个或多个参数的变化能够准确地反映产品的失效趋势的情况。但是，不是每个产品都有能够反映产品故障或寿命的参数。很多器件没有表示功能退化失效的参数，或者有能够预兆元器件即将失效的参数，但是该参数无法测量或测量将影响元器件的正常功能，从而使该方法的应用受到了一定的限制。

有些芯片在同样的负载和环境条件下，随着功能的退化，器件的温度较刚使用时升高较多，因此器件的温升就可以作为器件失效的预兆参数。具体的方法与步骤：首先，以测量器件在出厂初期额定工作条件下的环境温度和器件的表面温度为基础数据；然后，在器件使用过程中测量环境温度和器件温度，并用这组数据与基础数据做比较；最后，

在相同的环境温度和相同的负载条件下，器件的温升与基础数据偏离一定程度时，即可给出器件即将失效的预警。

（3）基于装备失效物理分析和环境监测的预测。

基于失效物理分析和环境监测的故障预测方法，先分析产品的失效模式，再监测环境应力和使用应力，然后通过一系列的算法和评定规则来推断该产品所经受的环境应力和使用应力是否达到了使该产品失效的条件，以此来预测产品的剩余寿命。物理模型提供了一种将关键件损伤表征为运行状态函数的方法，并以损伤累积效应来评估部件的剩余寿命。

将该方法用于复杂产品的 PHM 研究时有一定的不足，因为复杂产品的失效模式有很多，不同的失效模式的触发条件也不同，必须在诸多的故障模式和触发条件中寻找最先满足条件的那一个，还要确定该故障模式对产品整体功能的影响。在进行复杂装备失效分析时，首先应对装备进行故障模式及影响分析，在此基础上根据故障发生的概率和故障的危害性来确定关键件、重要件；然后对关键件和重要件进行故障诱发因素分析，找出容易诱发故障的工作应力和环境引力；最后，针对所确定的诱发因素设计工作应力和环境应力测量方案。

4.5.3　电子设备故障预测程序

图 4-22 给出了电子装备故障预测程序与步骤。首先，需要确定以下信息：监控部位（数据采集点）、监控参数、失效类型。然后，以应力或性能参数作为失效判据，选择适当的方法以进行实时健康监测：当应力或性能参数可直接进行监测时，选择参数检测法；当应力或性能参数不可直接进行监测时，选择失效物理模型法。这些步骤确定后，再确定一定的监测时间，系统将进入实时监测状态，在规定的监测时间后，系统将获得监测得到的参数或应力数据。对于实时健康监测得到的参数或应力数据，若选择不考虑参数的分散性，则系统将采用阈值对比法获得当前时刻产品的工作或健康状态；若选择需要考虑参数的分散性，则系统将采用概率比对法获得当前时刻产品的工作或健康状态。若该状态满足产品维修条件，则发出失效警报并通知维修；若该状态未满足产品维修条件，失效类型为过应力且加载应力不可预测，则系统将对被监测参数或应力继续进行监测。如果失效类型为耗损型失效且加载应力可预测，则将数据与时间进行拟合，通过参数模型法或非参数模型法拟合出各参数平均值以及分散性随时间的变化趋势，得出未来某时刻性能参数的随机分布，获得产品平均的残余寿命，并预计未来某时刻的失效概率，预报和发布失效信息并确定预警点，然后系统将对被监测参数或应力继续进行监测。

思考题

1. 什么是故障？故障的特点是什么？
2. 简述故障的分类。
3. 简述常用故障分布的适用范围。

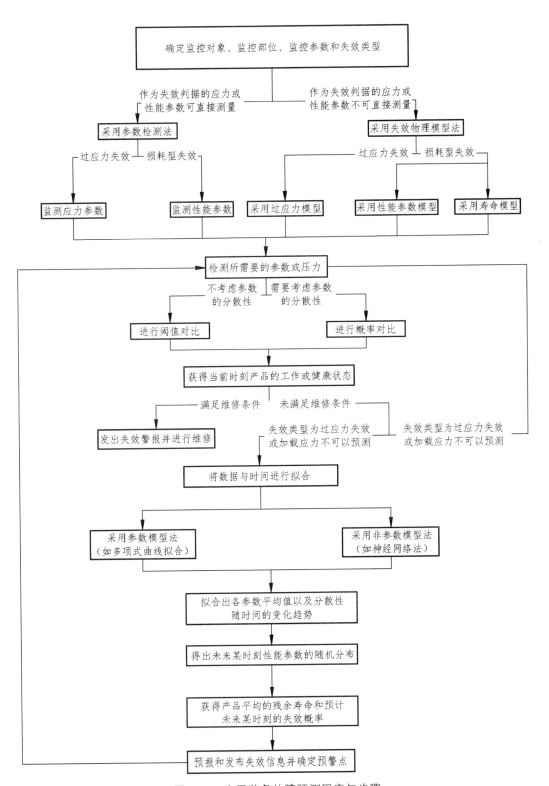

图 4-22 电子装备故障预测程序与步骤

4. 画出浴盆曲线，并简述浴盆曲线规律及对空管维修工作的指导意义。

5. 简述全寿命周期故障率递减规律对空管维修工作的指导意义。

6. 简述常见的故障预测方法与技术。

7. 设有某种电子元器件，根据以往试验资料知道，在某种应力的条件下，其寿命服从指数分布，并且这种器件在 100 h 的工作时间内将约有 5% 失效，求可靠寿命 t（0.95）和可靠度 R（1000）。

8. 某轴在精细加工后，其直径的尺寸变动可用正态分布描述，其均值为 14.90 mm，标准差为 0.05 mm。按图纸规定，轴径尺寸为（14.90±0.15）mm 的产品为合格品，求合格品率。

9. 某机械零件疲劳寿命服从对数正态分布，其对数均值与对数标准差分别为 μ=15，σ=0.3，试求当循环次数 N=2×10^6 次时，其失效概率。

10. 已知机械部件的疲劳寿命服从威布尔分布，且由历次试验得知形状参数为 2，尺度参数为 200 h，位置参数为 0。求：① 当可靠度为 0.95 时的可靠寿命；② 在 200 h 内平均故障率、最大故障率；③ 当故障率为 0.1 次/100 h 的更换寿命、可靠度。

11. 某型号产品在运行时间超过规定值时为合格产品。根据以往的经验，该产品在规定的生产、运行条件下的次品率为 0.2，问从该产品中随机抽出 50 台，有 10 个次品的概率是多少？

12. 将次品率为 1% 的大批产品装箱，每箱装 100 件，今抽检 1 箱，进行全数检验，求查出次品数不超过 5 的概率。

13. 已知装备故障服从指数分布，经统计分析得知，该装备在 1 000 h 时有 15% 的装备发生了故障，试求其平均寿命和中位寿命。

14. 有两种型号的同功能设备的故障分布，一种为指数型，平均寿命为 1 200 h；另一种为正态型，平均寿命为 800 h，标准偏差为 300 h。现计划在 100 h 的使用时间内尽量不发生故障，选择哪一种设备为宜？

15. 已知某装备平均修复时间为 0.6 h，维修时间服从对数正态分布，其对数方差 σ^2=0.6，试求中位修复时间和最大修复时间 $t_{0.95}$。

第5章

故障诊断技术

　　故障诊断主要研究如何对系统、装备、设备、元器件中出现的故障进行检测、分离和辨识，即判断故障是否发生，定位故障发生的部位和种类，以及确定故障的大小和发生的时间等。故障诊断技术广泛应用于航空航天、航空器制造、机械等领域，可以有效消除或控制重大突发故障，预测装备的维修周期，增强空管装备维修的计划性、针对性和主动性，有效避免维修的盲目性，改善维修质量，降低维修成本，缩短维修周期。

5.1 故障诊断概述

5.1.1 装备故障诊断的含义

装备故障诊断，"诊"在于检测装备客观状态，包括采用特定的测量、分析和诊别方法；"断"则是确定故障特性、故障模式、故障类别、故障部位，分析说明故障产生的原因等。故障诊断侧重研究突发性、破坏性、随机性的故障，最大限度地消除或控制严重后果的产生。故障诊断突出了诊断的目的性，即寻找和发现故障状态而进行诊断，也包括无故障状态在内，但强调故障状态的重要性。故障诊断是检测领域的一个重要分支，主要包括故障检测和故障定位两方面。

值得注意的是，装备的故障预测与故障诊断虽然都是对装备的状态、性能等进行检测和评估，但两者之间存在以下 3 点不同：

（1）适用的时机不同。当装备的故障发生之后，此时对装备实施维修就要进行故障诊断工作，主要是通过故障树的形式，依据故障征兆，一步步推理诊断出发生故障的根本原因。故障预测的时间是在装备发生故障之前进行的，根据各类传感器获取装备各部件的状态特征参数值，以此进行分析并对装备未来是否发生故障做出判断。

（2）使用的信息不同。在对装备进行故障诊断的过程中，根据故障现象以及装备组成结构的特点，以此判断故障传输的因果关系，最终推导得出故障发生的根本原因。故障预测则是依据装备当前的运行状态，以及各参数指标的数据和历史故障维修记录等信息，运用一定的模型算法，预测故障发生的可能性。

（3）决策的目标不同。故障诊断是通过寻找发生故障的原因及位置，然后采取相应的维修措施，因此故障诊断是一个被动的维修过程，其目标是降低装备的维修成本并提升维修速度。故障预测是在装备故障发生之前对其发生时间及部位进行预测与判断，是一个主动预防的过程，其目标是降低装备的使用风险以增强装备的可靠性，同时通过剩余寿命预测以尽可能延长部件的使用时间。

5.1.2 装备故障诊断的基本程序

根据民航通信导航监视一线业务岗位维修经验、实践和归纳总结，空管装备故障诊断一般程序为掌握数据、分析原因、故障定位、排除故障、测试验证。

（1）掌握数据。数据主要来源于以下 4 个方面：①向值班人员和直接发现故障的人员了解故障现象和特征。②依据监控器记录、存储设备，了解装备工作情况。③检查装备的外观状况，包括结构固定、减振、连接、电门、旋钮等是否良好。④通电检查设备的工作情况，并充分利用空管装备的检测点及显示装置，详细掌握故障现象。

（2）分析原因。根据故障现象和有关情况，结合相关系统和故障件的特性、有关故障的历史资料、故障时的工作条件与工作特点、装备的构造与原理等综合分析各种相关因素，运用各种故障分析诊断方法，如故障流程图或故障树，加以分析、对比、判断，得出所有可能引起故障的内、外部原因。

（3）故障定位。定位故障应遵循从外到内、由简到繁、由一般到特殊的原则，从最可能发生故障的部位着手检查，逐次开展直至找出故障发生的机件和部位。

（4）排除故障。找到故障后，依据相应的维修级别排除故障，如基层级维修，则以换件方式排除故障为主。

（5）测试验证。故障排除后，要做全面检查、验证，确保故障完全排除。同时，还要采取必要的预防措施，避免故障重复发生。

5.2 故障查找的典型方法

5.2.1 常用的故障查找方法

1. 感知法

类似于中医的"望闻问切"，就是通过人的感官（眼观、鼻闻、耳听、手摸等），或借助其他辅助感知工具判断设备的故障部位。

2. 测量法

测量法，就是用测试仪器直接测量可疑电路的电阻、电压、电流、波形或其他电参数，并将测试结果和标准数据进行比较与分析，从而找出故障的所在部位，一般可分为有源测量和无源测量。有源测量是指接通被测设备工作电源后的测量，一般用来测量某点或某一器件的工作电压、电流波形等。无源测量是指断开被测设备电源后的测量，一般用于电路的开路和短路测量、元器件的在线电阻测量，以及设备与元器件绝缘强度的测量。

3. 替换法

替换法就是用同型号或具有相同功能且性能良好的部件，替换下可疑的部件，用替换法排除故障是当前外场排故的常用方法。

4. 比较法

空管装备都配有备份设备，采用一主一备工作模式。因此，在维修有故障的空管装备时，也可以用正常的装备做比较，分别测量出两台装备同一部位的电压、波形、对地电阻、元器件参数等来相互比较，可较方便地判断故障部位。另外，根据平时维护维修的记录材料，对比同一部位、同一参数的数据，也可在查找故障时供参考使用。

5. 改变现状法

改变现状法就是调整装备的可调器件（如电位器、可变电容、磁芯等），触动有疑问组件或元器件，反复插拔连接部分或插板，甚至大幅改变有疑问件的参数，以观测其影响，暴露接触不良、虚焊、性能下降等故障，或者改变电路的增益、输出等来分割和判断故障部位。

6. 振动法和感应法

振动法就是用橡皮锤或用手轻轻地敲击装备的某一部位，通过敲击振动使故障再现，可用于排除电路接触不良或时隐时现的故障。感应法就是通过人的手指或金属物向便于检查的部位注入人体感应信号，听耳机声音或看指示器的指示变化来判断故障的部位。

7. 断路法

断路法就是把可疑部分从整体中断开，再把信号发生器产生的信号加到被测部分输入端，测量相关点输出信号的情况，即可判断电路的性能。

8. 信号注入法

信号注入法是把各种测试信号从故障装备的适当点注入，进而根据装备终端负载，如电压表或示波器的反应来定位故障。

9. 清洗法

清洗法是利用清洗液对零部件、元器件进行清洗而消除故障的方法。清洗法主要适用于能够进行清洗的开关件、电位器和继电器等电子元器件或零部件，这些元器件或零部件可能发生的主要问题是接触不良、生锈、转动不良等。

10. 逻辑检测分析法

逻辑检测分析法，是借助简便逻辑分析器（逻辑探头、逻辑脉冲分析器、电流分析器和逻辑夹等）或逻辑分析仪进行检测以确定故障的方法，这种方法特别适用于对数字电路和带有微处理器的空管装备的故障检测。

5.2.2 常用的测量仪器及其应用

1. 万用表、兆欧表

万用表（见图 5-1）是最常用的电子电气测量仪表，用途广泛、测量范围大、使用方便。可用来测量电阻、电压和电流值，常见的万用表还可以测量电容值、三极管的放大倍数、音频电平等参数，多功能万用表还增加了通断声响检测、二极管正向导通电压测量、频率测量、温度测量、数据记忆等功能，在实际工作中使用非常方便。

兆欧表（见图 5-2）也叫绝缘电阻表或高阻表，是用来测量电气设备的绝缘电阻和高值电阻的仪表，其单位为兆欧（MΩ）。其基本工作原理就是在被测绝缘电阻两端加上高压直流电，通过检测流过绝缘电阻的电流来计算绝缘电阻的大小。

图 5-1 数字万用表

（a）手摇式兆欧表

（b）数字脉冲式兆欧表

图 5-2　兆欧表

2. 示波器

示波器（见图 5-3）的主要功能是将电信号转换为可以观察的视觉图形，通过波形测量其波形参数以及信号间的函数、逻辑关系，形成可视化的模拟或者数字信号波形，以便观测。示波器可分为两大类：模拟式示波器和数字式示波器。模拟式示波器以连续方式将被测信号显示出来。数字示波器首先将被测信号抽样和量化，变为二进制信号存储起来，再从存储器中取出信号的离散值，通过算法将离散的被测信号以连续的形式在屏幕上显示出来。空管装备的日常维护维修工作中，示波器是比较常用的测量仪器，也是民航电信人员执照考试要求必须掌握的基本测量仪器，示波器测量 ILS 信号如图 5-4 所示。

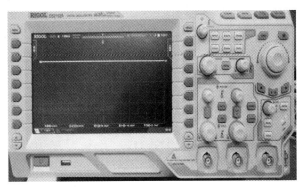

图 5-3　数字示波器

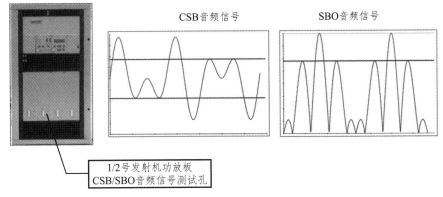

1/2号发射机功放板
CSB/SBO音频信号测试孔

图 5-4　示波器使用示例

3. 频率计

在传统的电子测量仪器中，示波器在进行频率测量时测量精度较低，误差较大，因此通常不用它来测量频率。

频率计又称为频率计数器，是一种专门对被测信号频率进行精确测量的电子仪器，它能快速准确地捕捉被测信号频率的变化，应用范围非常的广泛。民航空管的通信导航监视设施大都是要发射或接收无线电波的，因此常利用频率计来精确测量空管装备的载波频率、调制波、音频信号等是否正常。用频率计测量 ILS 载波频率的示例如图 5-5 所示。

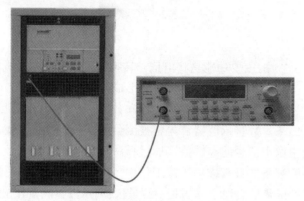

图 5-5　频率计测量 ILS 载波频率

4. 功率计

功率计是测量电功率的仪器，又称为瓦特计，一般是指在直流和低频中测量功率的仪器。功率计由功率传感器和功率指示器两部分组成。功率传感器也称功率计探头，它把高频电信号通过能量转换为可以直接检测的电信号；功率指示器包括信号放大、变换和显示器，显示器上直接显示功率值；功率传感器和功率指示器之间用电缆连接。为了适应不同频率、不同功率电平和不同传输线结构的需要，一台功率计通常要配若干个不同功能的功率计探头。利用功率计测量 ILS CSB 功率如图 5-6 所示。

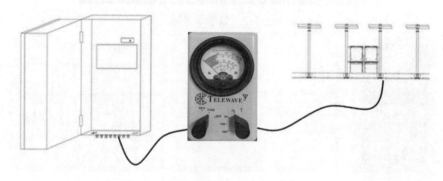

图 5-6　功率计测量 ILS CSB 功率示意

5. 频谱仪

频谱分析仪简称频谱仪，可用于信号失真度、调制度、谱纯度、频率稳定度和交调失真等信号参数的测量，也可用以测量放大器和滤波器等电路系统的某些参数，是一种多用途的电子测量仪器。它又被称为频域示波器、跟踪示波器、分析示波器、谐波分析器、频率特性分析仪或傅里叶分析仪等。现代频谱分析仪能以模拟方式或数字方式显示分析结果，能分析 1 Hz ~ 300 GHz 的全部无线电频段的电信号。图 5-7 所示是用频率仪在测量 DVOR 发射信号的频率成分。

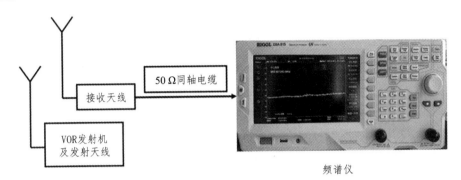

图 5-7　频谱仪测量 DVOR 信号示例

6. 网络分析仪

网络分析仪全称为微波网络分析仪，是一种能在宽频带内进行扫描测量以确定网络参量的综合性微波测量仪器。它可直接测量有源或无源、可逆或不可逆的双口和单口网络的复数散射参数，并以扫频方式给出各散射参数的幅度、相位、频率特性。自动网络分析仪还能对测量结果逐点进行误差修正，并换算出其他几十种网络参数，如输入反射系数、输出反射系数、电压驻波比、阻抗、衰减、相移、群延时、隔离度、定向度等等传输参数。图 5-8 所示是利用网络分析仪测量 DVOR 边带天线反射系数。

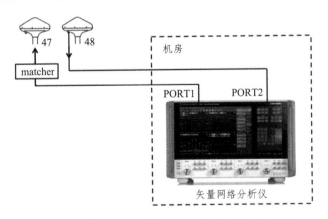

图 5-8　网络分析仪测量 DVOR 边带天线反射系数

7. 外场测试仪

外场测试仪是空管装备的专用外场测试设备，与示波器、频谱仪等内场测试仪不同，

外场测试仪主要在外场使用，与设备的 BIT 共同完成对空管装备主要性能的测试。外场测试仪通过体积小、质量轻，操纵方便简单，主要测量 VHF/UHF/HF 设备的发射机频率、输出功率、调制度和接收机灵敏度，也可以测量 VHF/UHF/HF 设备天馈系统的驻波比。在 ILS 的日常维护维修过程中，外场测试仪可以用来模拟航向道和下滑道信号，扫描航向道的 DDM（见图 5-9）。

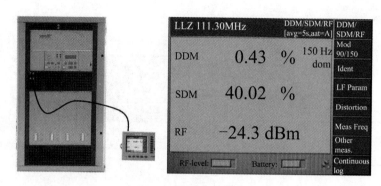

图 5-9　外场测试仪测量 ILS DDM 实例

5.3　智能故障诊断技术

5.3.1　概　述

故障诊断在本质上是一个模式分类与识别的问题，即检测系统的运行状态，如果发生故障，进行故障定位和隔离，从而确定故障的大小和时变特性。因此，故障诊断技术其实包括三项基本内容：故障检测、故障隔离和故障识别。传统的故障诊断技术近年来发展迅速，已经形成较为成熟的理论和方法，但是在复杂的大规模非线性系统故障诊断时，特别是深层次故障分析能力方面效果不佳，主要存在故障分辨率不高、信息来源不充分、扩展性差等弊端。

20 世纪 80 年代以来，随着人工智能技术的迅速发展，促使人们对智能故障诊断技术进行更加深入与系统地研究。智能故障诊断技术是一种在知识层次上，以知识处理技术为基础，实现辩证逻辑与数理逻辑的集成、符号处理与数值处理的统一、推理过程与算法过程的统一，通过概念和处理方式知识化，实现设备故障诊断的智能化诊断方法。智能诊断技术为人们使用人工智能方法解决复杂系统故障问题提供了强有力的工具，并且随着大数据、云技术、深度学习等先进方法和技术的发展，智能诊断技术也一直处于快速发展中。

5.3.2　典型的智能故障诊断技术

1. 基于信号处理的故障诊断技术

利用信号模型，如相关函数、频谱、自回归滑动平均、小波变换等信号处理的方法，直接分析可测信号，提取方差、幅值、频率等特征值从而检测出故障，此类技术统称为基于信号处理的故障诊断技术。近年来应用比较广泛的基于信号处理的方法主要有小波变换、主元分析、信号模态估计等。

2. 基于解析模型的故障诊断技术

对于一些可以明确数学模型的故障，按照一定的模型与算法对故障、被测信号进行诊断处理的方法称为基于解析模型的故障诊断方法，常用的有状态估计法、参数估计法、等价空间方法等。

3. 基于知识的故障诊断技术

在实际的故障诊断过程中，常常由于无法获得或者估计诊断对象的精确模型，而无法使用精确的故障诊断技术，大大限制了很多定量分析故障方法的使用范围。随着人工智能及计算机技术的飞速发展，为故障诊断技术提供了新的理论基础，即产生了基于知识的故障诊断方法。这种方法克服了解析模型方法的弊端，不需要诊断对象精确的数学模型，具有较强的"智能"特性，因此是很有生命力的故障诊断方法。基于知识的故障诊断方法主要有故障树、专家系统、神经网络、信息融合等。

5.4 基于故障树的故障诊断方法

故障树是常用于大型复杂系统可靠性、安全性分析和故障诊断的一种重要方法，在工程上有着非常广泛的应用。它将造成装备故障的硬件、软件、环境、人为因素等相关要素进行有机的组织，建立起故障树模型，进而确定故障原因的各种可能组合方式及其发生概率。故障树模型和相关分析检测手段可以对装备状态进行定性和定量分析，实现故障的快速排查、高效隔离、准确诊断和快速排除。

5.4.1 故障树的基本概念

1. 故障树

故障树是表示装备部件或系统的故障与故障原因及其相互关系的一种逻辑因果关系图，其形态呈倒立的树状结构，因而得名。在故障树中，一般用一系列特定的逻辑门符号和转移符号来描述各种事件之间的因果关系。

2. 事　件

在故障树中，所研究系统的各种故障状态或不正常情况皆称为故障事件，各种完好或正常状态称为成功事件，两者简称事件。其中，最不希望发生的系统故障称为顶事件；故障的各种原因和条件因其位置不同而称为中间事件和底事件。此外，事件还按其各自不同的特征被分为基本事件、未探明事件、开关事件和条件事件等，具体分类见表5-1。

表 5-1　事件符号

序号	名称		符号	含义
1	底事件	基本事件		Basic Event（Terminal Event，End event） 在特定的故障树分析中不能再分解或无须再探究的底事件，是某个逻辑门的输入事件而不是输出事件
2		未探明事件		Undeveloped Event（Incomplete Event） 原则上应进一步探明其原因，但暂不必或暂不能探明其原因的底事件，又称省略事件或不完整事件
3	结果事件	顶事件		Top Event（Head Event，Undesired Event） 由其他事件或事件组合所导致的事件，称结果事件。顶事件位于树顶端，它总是故障树中逻辑门的输出事件而不是输入事件
4		中间事件		Intermediate Event 位于底事件与顶事件之间的结果事件，称为中间事件。它既是某个逻辑门的输出事件，同时又是别的逻辑门的输入事件
5	特殊事件	开关事件		Switch Event（Trigger Event，Normal Event） 在正常工作条件下必然发生或者必然不发生的特殊事件。当开关事件中所给定的条件满足时，房形门的其他输入保留，否则除去。根据故障要求，可以是正常事件，也可以是故障事件
6		条件事件		Conditional Event 描述逻辑门起作用时具体限制的特殊事件。

3. 逻辑门

用于描述事件间与、或、非等逻辑关系的单元称为逻辑门。除了这三种基本逻辑门之外，还有顺序与门、表决门、异或门以及禁门等不同分类，具体见表 5-2。

表 5-2　逻辑门符号

序号	名称		符号	含义
1	基本门	与门		AND-Gate 仅当所有输入事件都发生时，输出事件才发生，与门表示了输入与输出之间的一种因果关系
2		或门		OR-Gate 至少一个输入事件发生时，输出事件才发生。或门并不传递输入与输出的因果关系，输入故障不是输出故障的确切原因，只表示输入故障来源的信息

序号	名称		符号	含义
3	修正门	顺序与门		Priority AND-Gate 又称逻辑优先与门，表示输入事件既要都发生，又要按一定的顺序发生，输出事件才会发生的逻辑关系
4		持续事件与门		Persisted AND-Gate 仅当输入事件发生且持续一定时间时，才导致输出事件发生
5		表决门		Vote-Gate 仅当 n 个输入事件中有 m 个或 m 以上个的事件发生时，输出事件才发生
6		异或门		Exclusive OR-Gate 当输入事件中任何一个发生而其余不发生时输出事件才发生。它是一种特殊或门，在定性分析和定量分析中它可以等价交换为与门和或门的组合
7	特殊门	禁门		Inhibit-Gate 仅当条件事件发生时，单个输入事件的发生才导致输出事件的发生，禁门需要和条件事件一块使用，当所关联的条件满足时，才能由输入得到输出

4. 转移符号

故障树中，除事件符号和逻辑门符号外，还有转移符号（见表 5-3）。

表 5-3 转移符号

序号	名称		符号	含义
1	相同转移符号	转向符号		表示"下面转到以字母数字为代号所指的子树中去"
2		转此符号		表示"由具有相同字母数字的转向符号处转到这里"
3	相似转移符号	相似转向		表示"下面转到以字母数字为代号所指结构相似而事件标号不同的子树去"，不同的事件标号在三角形旁注明
4		相似转此		表示"相似转向符号所指子树与此子树相似，但事件标号不同"

5.4.2 故障树诊断方法

1. 故障树诊断的一般步骤

只有构建出正确合理的故障树才能搜寻到真正的故障部件，所以构建故障树是正确快捷应用故障树诊断方法的关键。构建故障树的一般步骤如下：

（1）收集、分析相关技术文件资料，深刻了解拟建树的装备，并准确地定义故障，合理地确定装备的边界。

（2）选择顶事件。找出设备所有可能的故障模式，把最不希望发生的故障模式作为顶事件。

（3）设置第二级。一般把引起顶事件的直接原因，如硬件故障、软件故障、人为因素和环境因素等作为第二级，并用相应的原因事件符号表示。并根据顶事件和直接原因事件之间的逻辑关系用相应的逻辑符号连接起来。

（4）照此原则向下发展，直至最低一级原因事件不能再分为止，并以此为底事件。这样就构建成一棵以顶事件为"根"，中间事件为"枝"，底事件为"叶"的倒置的 n 级故障树。

（5）故障树的简化，即运用逻辑化简等方法去掉多余事件，以更简单的逻辑关系来表示。常用的化简方法有"修剪法"和"模块法"。修剪法是用目测或布尔代数运算吸收或去掉多余事件。模块法是将故障树中的底事件化成若干底事件的集合，每个集合的底事件集都是互斥的，即一个底事件不重复出现在其他集合中。

2. 故障树构建示例

图 5-10 给出了某装备舵机不工作的故障树诊断过程。

5.5 基于专家系统的故障诊断方法

5.5.1 专家系统概述

专家系统（Expert System，ES）是一个智能计算机程序系统，其内部含有大量的某个领域专家水平的知识与经验，它能够利用人类专家的知识和解决问题的方法来处理该领域问题。因此，专家系统是一个具有大量专门知识与经验的程序系统，它根据某领域一个或多个专家的知识与经验，应用人工智能技术与计算机技术进行推理和判断，模拟人类专家的决策过程，以便解决那些需要人类专家处理的复杂问题。专家系统的基本特性有：具备某个应用领域的专家级知识，能模拟专家的思维，能达到专家级的解题水平。

专家系统的发展经历了以下 4 个阶段：

（1）第一代专家系统以高度专业化、求解专门问题的能力强为特点。但在体系结构的完整性、可移植性、系统的透明性和灵活性等方面存在缺陷，求解问题的能力较弱。

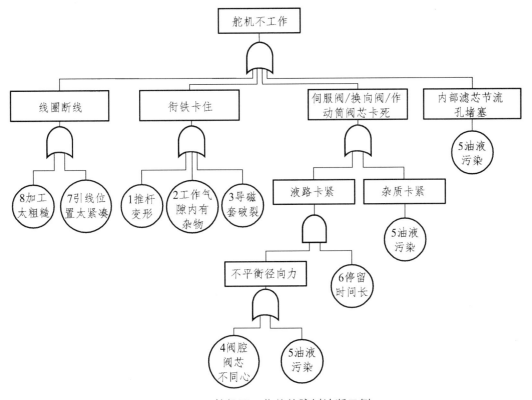

图 5-10　舵机不工作的故障树诊断示例

（2）第二代专家系统属于单学科专业型、应用型系统，其体系结构比较完整，移植性方面也有所改善，而且在系统的人机接口、解释机制、知识获取、不确定推理、知识表示、推理方法的启发性与通用性等方面都有所改进。

（3）第三代专家系统属于多学科综合型系统，它采用多种人工智能语言，综合各种知识表示方法和多种推理机制及控制策略，并且研制过程开始运用各种知识工程语言、骨架系统、专家系统开发工具及环境。

（4）第四代专家系统具有高度智能化、自主学习、多知识库、多主体等特点，它通常采用大型多专家协作系统、多种知识表示、综合知识库、自组织解题机制、多学科协同解题与并行推理、专家系统工具与环境、人工神经网络知识获取及学习机制等。

目前，专家系统的应用已经渗透到各个领域，包括化学、数学、物理、生物、医学、农业、气象、地质勘探、军事、工程技术、法律、商业、空间技术、自动控制、计算机设计和制造等领域，并在实际应用中产生了巨大的经济效益。

5.5.2　专家系统组成结构

专家系统通常由知识库、数据库、推理机、知识获取、解释器、人机接口（界面）等 6 个部分构成（见图 5-11），其中尤以知识库与推理机相互分离而别具特色。专家系统的体系结构随专家系统的类型、功能和规模的不同，而有所差异。

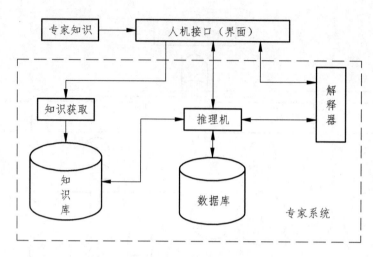

图 5-11　专家系统结构

（1）知识库：用来存放专家知识，包括领域专家知识、书本知识和经验等。专家知识可分为两种：一类是被专业人员掌握了的广泛共享的确定性知识；一类是凭经验、直觉和启发得到的非确定性知识。

（2）数据库：用来存放专家系统求解问题所需的各种数据或证据，以及求解期间由专家系统产生的各种中间信息。数据库是推理机选用知识的依据，也是解释器获得推理路径的来源。

（3）推理机：推理机针对当前问题的条件或已知信息，反复匹配知识库中的规则，获得新的结论，以得到问题求解结果。推理机就如同专家解决问题的思维方式，知识库就是通过推理机来实现其价值的。推理方式有正向、反向和混合推理三种：① 正向推理，即从已知数据出发推出结论的推理方法，正向推理又称数据驱动型推理；② 反向推理，即由目标出发，为验证目标的成立而寻找有用证据的推理方法，反向推理又称目标驱动型推理；③ 混合推理，即正向和反向的组合推理。

（4）知识获取：知识获取是专家系统知识库是否优越的关键，也是专家系统设计的"瓶颈"问题，通过知识获取可以扩充和修改知识库中的内容，也可以实现自动学习功能。

（5）解释器：根据用户的提问，对结论、求解过程做出说明，它能让用户理解程序正在做什么和为什么要这么做，向用户提供了一个关于系统的认识窗口，从而使专家系统更具人情味。

（6）人机接口：是专家系统与用户进行交流时的界面。通过该界面，用户输入基本信息、回答系统提出的相关问题，专家系统输出推理结果及相关解释等。

5.5.3　典型的专家系统故障诊断方法

1. 基于规则诊断的专家系统

基于规则的诊断方法是根据以往专家诊断的经验，将其总结成规则，通过启发式经验知识进行故障诊断，适合于具有丰富经验的专业领域。基于规则的诊断具有知识表述直观、形式统一、易理解和解释方便等优点，诊断知识的获取依赖专业领域的专家。

但复杂系统所观测到的症状与所对应诊断之间的联系是相当复杂的，通过归纳专家经验来获取规则，有相当难度，且一致性难以保证。尽管基于规则诊断的专家系统获得了一定的成功，但由于该方法属于反演推理，因而不是一种确保唯一性的推理形式，存在知识获取困难、知识台阶窄以及控制策略不灵活等缺点。对大型规则库来说，容易产生规则匹配冲突、组合爆炸等问题，而且系统缺乏自学习能力，不适用于复杂系统或经验不足系统的故障诊断。对于大型的诊断对象，其求解过程搜索空间大，速度慢，难以实现实时在线诊断要求。基于规则的方法对于诊断结论除了重复被采用的规则外，无法做出进一步解释，通常只能诊断单个故障，难以诊断多重故障。

2. 基于实例诊断的专家系统

实例推理（Case-Based Reasoning，CBR）是近年来人工智能领域兴起的一种诊断推理技术，是类比推理的一个独立子类，符合人类的认知心理。简单地说，基于实例推理的依据就是相似的问题有相似的解。基于实例诊断的专家系统具有诸多优点：无须显示领域知识；无须规则提取，降低了知识获取难度；开放体系，增量式学习，实例库的覆盖度随系统的不断使用而逐渐增加。该方法适用于专业领域定理难以表示成规则形式、但容易表示成案例形式的情况，并且已经积累了丰富案例的领域（如医学诊断）。

基于实例推理的关键是建立一个有效的检索机制与实例组织方式。实例匹配不仅要考虑表面特征的相似性，而且结构相似性和深层特征有时也具有同样不容忽视的作用，深层信息不仅能减小搜索空间，还可以增加匹配成功率。传统的基于实例的诊断方法难以表示实例间的联系，对于大型实例库的检索十分费时，并且难以决定应选择哪些症状及它们的权重。该问题的另一方面是诊断实例库太小，不能覆盖所有解空间，而导致搜索时可能漏掉最优解，造成误诊或漏诊。基于实例诊断方法的难点还在于实例特征的选择、权重分配以及处理实例修订时的一致性检验等问题。

3. 基于模糊理论诊断的专家系统

模糊诊断的实质是引入隶属函数概念，模糊逻辑有较强的结构性知识表达能力，适合处理诊断中的不确定信息和不完整信息。模糊故障诊断有两种基本方法：① 先建立征兆与故障类型之间的因果关系矩阵 R，再建立故障与征兆模糊关系方程，即 $F=S \cdot R$，这里 F 为模糊故障矢量，S 为模糊征兆矢量，"·"为模糊合成算子。② 先建立故障和征兆的模糊规则库，再进行模糊逻辑推理的诊断过程。模糊诊断知识获取困难，尤其是故障与征兆的模糊关系较难确定，且系统的诊断能力依赖模糊知识库，学习能力差，容易发生漏诊或误诊。并且由于模糊语言变量是用隶属函数来表示的，实现语言变量与隶属函数之间的转换也是一个难点。

5.6 基于多源信息融合的故障诊断方法

5.6.1 多源信息融合技术概述

信息融合（Information Fusion，IF）是 20 世纪 80 年代形成和发展起来的一种智能信息综合处理技术。IF 能充分利用多源信息在空间和时间上的冗余性与互补性以及计算机对信息的高速运算处理能力，以获得对监控对象更精确、更合理的解释和描述。因此信息融合可以定义为将来自不同用途、不同时间、不同空间的信息，通过计算机技术在一定准则下加以自动分析和综合，形成统一的特征表达信息，以使系统获得比单一信息源更精确、更完整的估计和判决。

在进行故障诊断的时候，任何一种诊断信息都是模糊的、不确定的，单用一方面信息源所反映出来的状态都是不完整的，因此将多源信息融合技术应用于故障诊断领域有特别大的优势。

5.6.2 多源信息融合故障诊断过程

设备或系统是一个有机的整体，设备或系统的某一部位的故障将通过传播表现为整体的某一症状。因此，可以通过对不同部位信号的融合，或同一部位多传感器信号的融合，更合理地利用设备或系统的信息，使故障诊断更可靠、更精确。

1. 故障源与故障表征

故障诊断的信息不但有来自传感器测量的信息，还包括某些知识和中间结果等，信息多而类似，有些是冗余信息，有些是交叉信息，还有些是互补信息。另一方面，故障诊断中来自传感器的信息是最原始信息，利用它们可以从中提取一些有关设备或系统故障的特征信息，然后由故障表征及系统的知识进行更详细的诊断，判断系统是否有故障及故障源的性质。

另外，系统的某一故障源可能有多个故障表征，故障诊断不一定能获得系统故障的所有表征。为了正确地诊断故障，必须要有足够的典型的故障表征来反映故障源。如果代表故障表征的检测量数据受到限制，就需要更详细的系统模型、故障源及故障表征的知识，才能利用较少的检测量甚至单个检测量来完成对众多故障的检测及诊断。

2. 故障源与故障表征的映射关系

为了精确地通过故障表征定位到故障源，必须要清楚故障源与故障表征的映射关系。设故障源集为

$$\boldsymbol{F} = \{f_i\} \quad i = 1, 2, \cdots \tag{5-1}$$

故障表征集为

$$\boldsymbol{S} = \{s_i\} \quad i = 1, 2, \cdots \tag{5-2}$$

某一故障源特有的故障表征，即故障表征纯集为

$$SP_i = \{s_i\} \quad i = 1, 2, \cdots \qquad (5\text{-}3)$$

并将系统无故障的表征记为 S。故障源与故障表征之间的映射关系如图 5-12 所示，其中 s_1 和 s_2 即是故障源 f_1 的故障表征纯集。

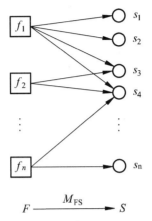

图 5-12　故障源与故障表征之间的映射关系

综上所述，故障诊断实际上就是根据检测所得的某些故障表征 s_i，以及故障源与故障表征之间的映射关系 M_{FS}（知识库已有的信息进行信息融合），找出系统故障源的过程。因此，可将故障表征和故障源之间的映射关系存入知识库，由传感器获得的数据经过预处理和提取故障表征信息后，再根据知识库中的知识进行信息融合，就可以定位到故障源。

3. 局部融合与全局融合

为充分利用检测量所提供的信息，在可能的情况下，可以对每个检测量采用多种诊断方法进行诊断，并将各诊断结果进行融合，得出局部诊断结果，称为局部融合；再将各局部诊断结果进一步融合，得出系统故障诊断的最后结果，称为全局融合。信息局部融合和全局融合诊断的过程如图 5-13 所示。

5.6.3　多源信息融合故障诊断方法

多源信息融合故障诊断方法按照融合结构模型可以分为层次结构信息融合故障诊断、多级信息融合故障诊断和组合神经网络信息融合故障诊断三类。

1. 层次结构信息融合故障诊断

层次结构就是按照信息价值的递进关系将融合分为数据层、特征层和决策层的三层融合结构。这三个层次融合诊断信息的表征水平从低到高，分别满足故障检测、故障识别和故障定位的需要，最终通过融合决策得出诊断结果。层次结构信息融合故障诊断的原理如图 5-14 所示。

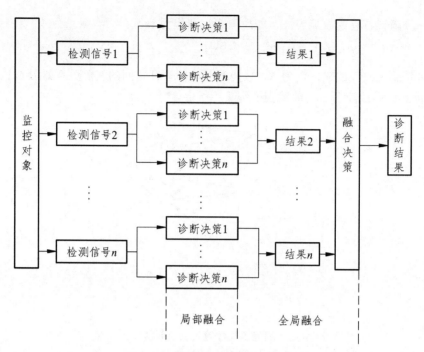

图 5-13　信息融合故障诊断过程

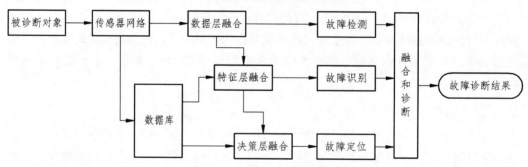

图 5-14　层次结构信息融合故障诊断

2. 多级信息融合故障诊断

基于多级信息融合的故障诊断首先利用了同源多传感器的融合来保证检测信号准确可靠的性质，然后将获得的不同类型的表征信号输入网络分类器得出局部决策，再通过模糊积分对所有的局部决策融合，获得最终的诊断结果。概括地讲，该方法分同源信号融合、网络分类器局部融合和模糊积分全局融合三个融合级别，因此称该方法为多级信息融合的故障诊断方法。多级信息融合故障诊断的系统结构如图 5-15 所示。

3. 组合神经网络信息融合故障诊断

组合神经网络信息融合故障诊断方法的基本思想是利用神经网络的特点，对获得的信息进行有效组合，进而充分利用各类信息从不同的角度进行故障诊断，最大限度地提高故障诊断的成功率。组合神经网络信息融合有单子网络直接实现和不同子网络综合决策实现两种实现方式，前者是一种基于特征的局部性融合，而后者是一种基于决策的全局性融合。基于不同子网络综合决策的组合神经网络信息融合故障诊断的原理如图 5-16 所示。

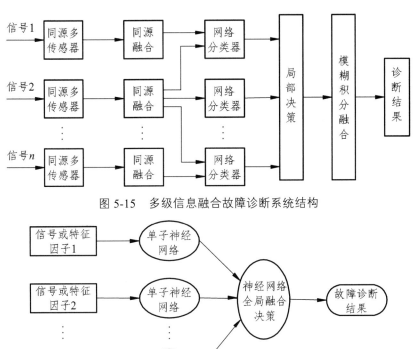

图 5-15　多级信息融合故障诊断系统结构

图 5-16　组合神经网络信息融合故障诊断

5.7 基于神经网络的故障诊断方法

5.7.1　神经网络概述

人工神经网络（Artificial Neural Network，ANN）是由许多人工神经元相互连接而构成的，可以用来模拟人脑神经系统的结构和功能。人类的大脑是目前人类能够知晓的结构最复杂、最有效的信息处理系统，ANN 充分吸收了人类和动物大脑神经系统的众多优点，具有非线性、非局限性、非常性、非凸性等特点。经过长时间的研究和发展，神经网络的应用已经涉及生物、电子、数学、物理、计算机、人工智能等多种学科和技术领域，有着十分广阔的应用前景。特别是人工智能与计算机科学的结合，使人们认识到在识别类似人脑特性行为的语音和图像等复杂模式的时候，神经网络可以应用大量的并行互联的简单运算处理单元为此提供新的技术手段，特别是在故障诊断领域，基于神经网络的故障诊断技术更显现出独特优势。

神经网络实质上就是把许多的神经元（其基本模型见图 5-17）进行相互的连接，它没有特定的连接方式，不同的连接方式也产生了许多不同类型的网络。神经网络的类型有很多种，到目前为止已经发展出了数十种不同类型的网络结构模型，如按照神经网络结构和学习算法分类，神经网络可以分为单层前向神经网络、多层前向神经网络、反馈神经网络和竞争神经网络等（见图 5-18）。

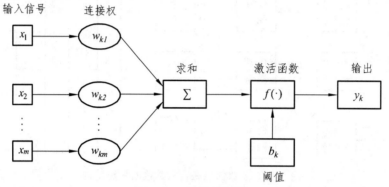

图 5-17　神经元模型

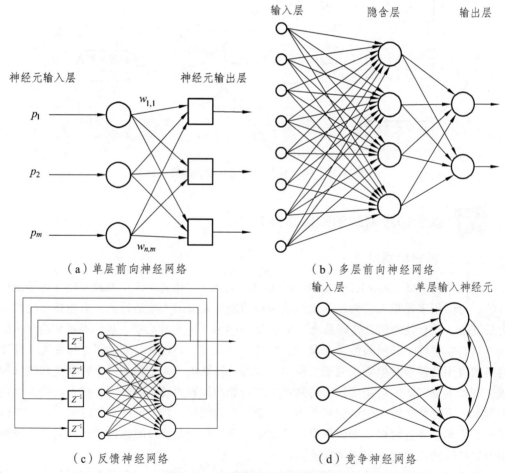

（a）单层前向神经网络　　　　　（b）多层前向神经网络

（c）反馈神经网络　　　　　（d）竞争神经网络

图 5-18　几种常见神经网络结构

5.7.2 神经网络故障诊断原理

神经网络是由多个神经元按一定的拓扑结构相互连接而成的，神经元之间的连接程度体现了信息的存储和相互关联程度，而且连接强度可以通过自主学习来调节。Rumelhart和 McClelland 为首的科学家在 1986 年提出 BP（Back Propagation）神经网络有着比较广泛的应用，它是一种按照误差反向传播算法训练的多层前馈网络（见图 5-19）。BP 网络神经元的传递函数为 S 型函数，输出量为 0 和 1 之间的连续变量，能够不依靠数学模型实现学习和存储大量输入输出的映射关系。

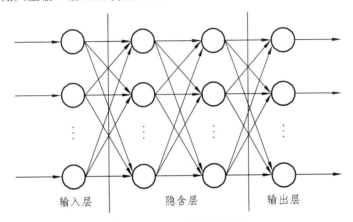

图 5-19　BP 神经网络结构

BP 神经网络的基本构成包括输入层、隐含层（中间层）和输出层，相邻层之间的神经元通过连接权值来实现连接，而同一层中的神经元间则无连接关系。

（1）输入层：从监控对象接收各种故障信息及现象，进行归一化处理，计算出故障特征值为

$$X = (x_1, x_2, \cdots, x_n) \qquad (5-4)$$

（2）中间层：从输入得到的信息经过内部学习和处理，转化为有针对性的解决办法。中间层可以是一层，也可以根据具体情况采取多层。中间层含有隐含节点，通过数值 ω_{ij} 连接输入层和通过阈值 θ_{ij} 连接输出层。选用 S 型函数（Sigmoid 函数），可以完成输入模式到输出模式的非线性映射。

（3）输出层：通过神经元输出与阈值做比较，最后得到诊断结果。输出层节点数 m 为故障模式的总数，如果第 j 个模式的输出为

$$Y_j = (0\ 0 \cdots 0\ 1\ 0 \cdots 0\ 0) \qquad (5-5)$$

即第 j 个节点输出为 1，其余输出均为 0，就代表第 j 个故障存在。

5.7.3 神经网络故障诊断过程

基于神经网络的故障诊断过程如图 5-20 所示，它可以分为两步。首先，基于一定数量的训练样本集对神经网络进行训练，得到期望的故障诊断网络；其次，根据当前诊断

输入对系统进行诊断，诊断的过程就是利用神经网络进行前向计算的过程。在学习和诊断之前，通常需要对诊断原始数据和训练样本数据进行适当的处理，包括预处理和特征提取等，目的是为诊断网络提供合适的诊断输入和训练样本。

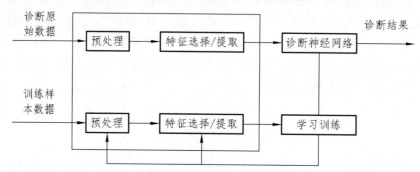

图 5-20　神经网络故障诊断过程

思考题

1. 简述故障诊断的含义。
2. 简述装备故障诊断的基本程序。
3. 简述故障查找的基本方法。
4. 什么是故障树？简述故障树诊断方法的一般步骤。
5. 画出专家系统的一般结构。
6. 简述层次结构信息融合故障诊断的原理。
7. 简述 BP 神经网络用于故障诊断的原理。

第6章

空管维修科学管理

　　管理作为一种能够提高工作效率和经济效益的特殊人类实践活动，始终与社会协作性劳动相生相伴。随着社会经济、文化、科技等领域的发展进步，尤其是社会新理论、新知识、新技术的相继问世，管理科学不断取得进展，新的管理思想、理论和观念不断涌现。在空管维修发展过程中，空管维修行业不断吸收和融合现代管理新理念，逐步由经验维修向科学维修迈进，空管维修管理也由经验管理迈进了科学管理阶段。

6.1 空管维修科学管理的内涵

管理活动通常认为是由管理主体、管理客体、管理目的、管理职能和方法、管理环境或条件等基本要素，围绕一定的目的、按照一定的关系相互作用的过程。因此，根据这些要素在管理活动中的地位、作用及相互关系，从一定意义上可以把管理理解为在一定的环境或条件下，管理主体为了达到一定的目的，运用一定的管理职能和手段，对管理客体不断进行决策、计划、组织、领导和控制的过程。

6.1.1 空管维修管理的含义

由管理的基本定义可知，空管维修管理一般应包括以下要素：① 管理的主体，即各级空管维修管理机关及管理人员；② 管理的客体，即空管维修系统中的人员、设施设备、器材备件、经费、技术、质量、时空、信息等；③ 管理的目的，即保证"保持、恢复和改善装备的可靠性"等维修目标得以实现；④ 管理的职能和方法，即不断进行维修决策、制订维修计划、组织维修实施、领导和控制维修过程等；⑤ 管理的环境，即在一定的维修环境下开展有效的维修活动。因此，空管维修管理就是上述 5 种要素按维修活动客观规律相互作用、有机运动的过程。那么，空管维修管理的概念可表述为在特定的维修环境下，为确保维修目标的实现而对维修系统中的人员、设施设备、器材备件、经费、技术、质量、时空、信息等要素及其关系系统，不断进行决策、计划、组织、领导和控制的所有创造性活动。

6.1.2 空管维修科学管理的含义

科学维修管理是推进空管维修深入发展的必然要求，只有运用科学的管理理论、方法和手段，对维修系统诸要素进行科学整合与控制，才能确保科学维修理念在空管维修行业得以有效实施。空管装备的科学维修，其本质要求就是要按照维修的客观科学规律进行维修。其中，树立科学的维修指导思想、制定科学的维修目标、确定科学的维修内容和时机、选择科学的维修方式和策略，实施科学的维修行动、科学调配维修资源等既是科学维修的基本问题，也是空管维修科学管理要认真解决的问题。

因此，空管维修科学管理，就是以提高维修效率和经济效益为目的，运用科学的管理理论、方法和手段，依托先进的科学技术，对空管维修的指导思想、维修目标、维修内容及时机、维修方式及策略、维修活动及质量、维修资源及配置等要素不断进行决策、计划、组织、领导和控制，逐步提高空管维修科学水平，确保空管维修目标得以实现的创造性活动的过程。

6.1.3 空管维修管理的特点

空管维修管理作为一项特殊的管理活动，具有以下三方面的特点：

（1）系统性。从实践角度看，空管维修管理是一项系统工程活动，既依赖空管维修技术系统、空管维修保障系统和空管维修人员系统的支持，又要有机协调飞行、空管、情报、航空运行和无线电等专业，这客观上要求空管维修管理要从全局出发，按照系统要求做好管理工作。从理论角度看，空管维修管理作为管理科学的重要组成部分，具有完整的原理、模型和方法论，是一门不断走向完善的学科体系。

（2）全面性。① 全员参与：按照职责的不同，空管维修人员系统可分为管理层和技术层，然而由于空管维修的特殊要求，空管维修管理依赖管理层和技术层的共同参与，所有维修人员不仅要肩负具体维修任务，还要积极承担维修管理责任。维修实践表明，只有管理层、技术层的共同参与，才能确保维修系统的稳定高效和安全可靠。② 全寿命过程管理：随着空管维修理论的深入发展，空管维修管理已经从空管装备的使用过程向前延伸到装备的设计、研制和生产制造阶段，提前介入装备系统的维修性设计，对提升空管装备的固有可靠性、维修性、保障性和各项技术性能发挥着重要作用，形成了全系统、全寿命维修管理的理论、方法和手段体系。

（3）科学性。空管装备科技含量很高，维修活动必须按照装备的技术状态要求，遵循维修的客观规律，运用科学的理论、方法和手段去组织实施科学的维修，这就决定了维修管理必须具有很强的科学性。这种科学性具体体现在维修内容的确定与优化、维修体制的设计与改革、保障模式的形成与创新、维修资源的配置与整合等一系列管理活动中。维修实践反复证明，只有坚持科学维修和科学管理，空管维修才能出效率、出效益、出成绩。

6.1.4　空管维修管理的基本原则

空管维修管理的突出特征在于管理的科学性，即运用科学的思想指导管理、运用科学的方法和手段实施管理，并最终运用科学的管理推进空管维修进程、提高空管维修水平。为保持和提高维修管理的科学水平，在维修管理实践中主要应坚持以下基本原则：

（1）系统优化原则。是指在空管维修科学管理中要坚持用系统科学原理来指导管理实践。在空管维修科学管理活动中，把所管理的对象看作一个系统整体，运用系统工程的一般理论，通过对系统环境的客观分析，对系统结构的科学设计，对系统诸要素的有机协调与配置，实现系统结构、功能和效益的优化，从而达到科学管理的目的。坚持系统优化原则，其核心问题就是要通过优化、协调等途径使维修系统诸要素间产生"协同力"，正如恩格斯所指出的那样，"这种力和它的一个个力量的总和有本质的差别"，这种"协同力"在管理中就会起到巨大的增效作用。空管维修系统中的优化问题很多，如维修体制的优化、维修内容的优化、保障方式的优化、资源配置的优化等，只有认真做好这些具体的优化工作，才能保证维修综合效益的最优化。

（2）以可靠性为中心的原则。以可靠性为中心是现代维修理论发展的核心思想，也是空管维修科学管理必须坚持的一条重要原则。在管理实践中，只有坚持了这一原则，才能保证更好地运用可靠性理论、方法和技术去解决维修内容与时机、维修方式与方法、保障模式与程序等实际问题。坚持以可靠性为中心的原则，一是要以可靠性为维修决策的主要依据，运用可靠性分析、数理统计和逻辑决断等方法来科学确定维修内容、时机和方式，积极克服维修中可能出现的"维修不足"和"维修过度"等问题，努力保持、恢复和改善装备的可靠性；二是要以最小的经济代价来实现维修目标，通过优化资源配置、组织方式、维修内容等科学活动，实现综合保障效益最佳化。

（3）依托科技进步原则。空管维修是一项技术性很强的活动，维修对象、保障装备和维修手段的高科技含量特点，以及维修人员的高素质特点，直接决定了空管维修科学管理必须时刻跟踪现代科技发展前沿，积极运用高科技管理手段，不断更新管理方法，努力提高管理的科学水平。在空管维修管理的发展过程中，管理技术手段的更新都推动了维修管理向科学化迈进：计算机、网络和管理软件等信息技术手段的运用，提高了维修管理的网络化、自动化、智能化水平；集中监控、自动检测、故障预警等新技术的运用，提高了运维质量监控的科学水平；可靠性、数理统计和逻辑决断等理论工具的运用，提高了维修优化的设计水平。当前，要继续发展高科技管理手段，特别要加大信息技术开发应用的力度，努力实现维修管理的信息化；要把量化管理、模型管理、优化管理、质量认证等一批先进的管理方法引入维修管理中，努力降低维修管理的人为因素，真正实现空管维修的科学管理。

（4）规范化原则。坚持规范化原则，是管理的基本要求，主要是通过制定和执行一系列法规、制度和标准等方式来规范各项管理活动。空管装备科学维修是一项与航空运行效率和航空飞行安全息息相关的专业活动，对维修行为的规范性要求很高，这客观上就对维修管理的规范化提出了更高要求。在空管维修科学管理实践中，既要遵循国家层面的通用性管理法规，如《中华人民共和国民用航空法》《中华人民共和国无线电管理条例》等；又要执行民航的有关行业法规、技术标准、规章、维修大纲，如《民用航空通信导航监视工作规则》《民用航空通信导航监视运行保障与维护维修规程》等；还要依据有关法规精神，结合维修实际，补充制定配套的规章制度，并在实践中抓好贯彻落实。坚持规范化原则，就要加强法规教育，不断强化敬畏规章的意识，提高依法维修、科学维修的自觉性，在空管维修行业中树立有章必依、执法必严、违章必究的良好氛围，用规范化管理保证维修工作的规范性。

6.1.5　空管维修管理的基本任务

空管装备维修管理的最终目的是科学地利用各种维修资源，以最经济的资源消耗，及时迅速地保持和恢复空管装备的完好性。其基本任务主要有以下几条：

（1）组织实施装备维修。分析装备使用情况，理清维修需求、维修规律，制定装备维修计划，积极主动、适时地组织维护、修理工作，提高装备完好性。

（2）保障维修资源。组织实施维修设施的建设，保证维修设备、工具、备件、消耗品等器材的筹措、储存和供应，努力提高其标准化、系列化、通用化、模块化程度。

（3）保证维修质量和维修安全。制定并完善相关规章，进行维修质量和维修安全的全面管理，加强维修质量和维修安全教育，针对维修质量和维修安全管理的薄弱环节制定改进措施，保证装备维修质量和维修安全。

（4）提高维修效益。合理分配和使用维修经费，努力节约人力、物力消耗，减少维修费用开支，提高维修经费的使用效益。

（5）提高维修人员素质。组织维修人员的学习、训练，不断提高业务素养。

（6）管理维修信息。完善维修信息管理系统，及时收集和分析装备的各种使用与维修数据，以便评估所用装备的完好性、效能和维修保障能力等；将评估结果及时向有关各方反馈，为科学维修提供可靠决策依据。

（7）促进维修工作现代化。组织推动装备维修的相关科学研究，开展技术革新活动，适应装备发展和维修的现代化要求，延长装备的可靠寿命。

（8）完善维修管理的规章制度。

6.1.6 空管维修管理的主要职能

管理职能，是对管理工作所承担任务的浓缩和概括，空管装备维修管理的主要职能包括决策、计划、组织、领导和质量控制等。

（1）决策职能。决策是空管维修管理的首要的、核心的职能活动。任何一项维修行动，总是要先做决策，再制订计划，并依据决策意见和计划方案组织实施；并且在实施过程中发生的领导、协调和控制等行为中也都存在着形式不同、内容各异的决策活动。空管装备维修科学管理的决策活动贯穿维修工作的全过程，要求决策者必须掌握科学决策的理论和方法，运用现代科学成果，遵循科学的决策程序，努力做到决策的民主化、科学化、最优化。

（2）计划职能。计划，即围绕某一既定的组织目标，研究和选择实现目标的方式、途径和方法，对实现组织目标的活动过程进行详细规划。计划职能在空管装备维修管理中有着重要地位，无论是维修政策、维修法规和维修策略的制定，还是装备的维护、排故、修理、退役、报废等活动，都需要制订计划来组织实施。

（3）组织职能。组织是空管装备维修管理中继决策职能、计划职能之后又一项重要职能。决策确定了目标、计划，制定了行动方案之后，接下来就要依靠一系列的组织活动来贯彻落实。只有做好维修管理的组织工作，才能使决策、计划得以顺利实施，才能保证空管装备维修目标的达成。

（4）领导职能。领导，是在一定的客观环境中，领导者通过一定的领导行动去影响、指导被领导者为实现某种预定目标而努力工作和积极贡献的过程。空管维修管理中强有力的领导，对于科学地做出决策、合理地制订计划、高效地组织实施和更严格地实施控制，都具有非常重要的作用。

（5）控制职能。控制是管理的重要职能，是以决策目标和计划指标为依据，对计划的完成情况和目标的实现程度进行检查与评估，并适时纠正偏差，以确保决策目标按计划步骤实现的一系列管理行为。空管维修管理的控制职能主要是对维修质量的控制，空管维修中任何管理决策、计划的组织实施，都需要及时的管理控制。空管维修管理控制职能包括三方面含义：① 维修管理控制首先具有目的性，即管理控制始终要围绕组织的目标而进行；② 维修管理控制具有整体性，这既是因为全体成员都是管理控制的主体，更是因为控制对象包括组织活动的各个方面、各个层次、各个部门、各个阶段；③ 维修

管理控制具有动态性，组织活动的动态性决定了管理控制方法的多样性。

6.2 科学维修计划管理

科学维修计划管理是把装备维修管理部门的各项工作以及期望达到的目标加以统一，对各项工作的内容、步骤和实施程序予以统筹安排、综合平衡后制订装备维修计划，并科学组织、严格控制维修活动，充分利用维修人力、物力和财力资源，争取最佳的经济效果，圆满实现预定的维修目标。

6.2.1 装备维修计划管理的任务

装备维修计划管理的任务是进行维修决策，并将决策具体化为维修工作计划，以保证决策目标的实现，它的主要任务包括制订、平衡、实施维修计划三方面。

1. 制订维修计划

根据装备的功能任务情况和维修特点，一般需要制订空管装备维修的长期规划、年度计划和实施计划。

（1）长期规划。长期规划是综合性、长期性、纲领性的远期设想，是空管装备维修工作的战略计划，一般在 5 年或 10 年以上。主要是根据战略方针、装备技术的进步、维修科学的发展、装备维修工作的实际情况，确定装备维修业务建设、规章制度建设、维修人员队伍建设、维修力量发展设想等目标、措施、进度等计划。

（2）年度计划。年度计划以长期规划为依据，结合年度生产需要及装备实际情况安排本年度装备维修工作。如维修任务的安排及组织、维修资源的需求、维修科研项目的投入、维修人员培训的计划、维修经费的预算及分配等。

（3）实施计划。实施计划是具体的维修活动计划，要求对具体装备某阶段或某项维修工作、某项维修活动做细致和详尽的安排。

2. 平衡维修计划

装备维修计划管理要做好维修计划的全局平衡和整体协调工作，使各部门、各层级、各项维修计划和指标互相衔接、协调发展，保证维修工作有计划地、平稳地、顺利地开展和实施。

3. 实施维修计划

通过执行维修计划、检查维修计划做出具体安排，或根据实际情况的发展变化适时适地调整和修订，促进维修工作顺利进行，以获取最佳的维修效果。

6.2.2 装备维修计划编制的程序

编制装备维修计划是一个复杂的动态过程，往往需要定性的分析和定量的计算，并要统筹方方面面的情况、综合各种因素和各方利益。编制装备维修计划的程序是否完善，方法是否科学，对维修计划的质量有很大影响。因此编制科学的装备维修计划，不仅需要树立科学的指导思想，而且要有科学的程序和方法。为了使编制的计划尽可能是最优方案，大型复杂的计划一般要运用预测学、决策学、运筹学和计算机等现代科学技术。由于装备维修计划种类不同，程序也有所差异，具体编制的程序一般有以下5步。

（1）明确任务，确立目标。明确拟定维修计划的意图和主要内容，确定空管装备维修的计划目标。

（2）收集信息，整理分析。广泛收集、整理跟装备维修相关的各种信息资料，分析影响完成维修计划目标的因素，并确定需要采取的相应措施，做到对空管装备维修计划心中有数。

（3）列出项目，拟定指标。装备维修计划目标要通过各项指标来体现，要把有关项目及指标按轻重缓急进行统筹安排后列出来。装备维修的指标很多，主要有任务指标、质量指标、效率指标和经济指标。空管装备维修指标随保障任务不同而有所差异，对于指标既要有定性的又要有定量的要求，既要有总体的又要有单项的要求，指标的选择应根据空管装备维修计划目标和需求确定。

（4）拟制方案，平衡综合。提出实现空管装备维修计划目标和指标的多种方案，运用工程分析决策技术进行分析、对比，从中择优采用，以保证维修工作的高效率和低消耗。

（5）方案决策，上报审批，下达执行。利用科学的方法和手段对方案进行决策分析，确定优选方案，并按有关规定报上级审批。空管装备维修计划批准后应迅速下达执行，执行过程中要不断检查计划执行情况，若有偏差应迅速调整。

6.2.3 装备维修计划编制的方法

1. 数理统计方法

维修计划是根据装备维修的实际情况而进行预测、决策和制订的。要准确地反映维修的实际情况，就必须获得能够客观地反映维修现实的数据，它是制订维修计划的原始依据。

首先，要进行数据收集和选择。数据的选择就是从平时积累的数据总库中，根据编制装备维修计划的需要选择有关数据。选择数据要目的明确、准确可靠、完整及时。其次，要进行数据的整理分析。数据整理就是对收集来的数据进行分类、分组、综合汇总等，使之条理化、系统化，形成反映空管装备维修实际情况的综合资料。

数理统计方法是常见的数据整理、分析、推断方法，包括统计分析法、分层法、主次排列图法、立方图法等。它能通过对数据样本的整理分析来推断总的发展趋势和可能的潜在问题，从而揭示包含在数据中的空管装备维修规律。

2. 指标预测方法

装备维修计划所规定的维修工作都是未来的事情，它的各项指标只能作为预测的对象，常用的预测方法有定额法、比较法、专家预测法等。

（1）定额法。是指直接根据各种标准来确定维修计划指标的方法，它依据装备维修的科学技术水平和需求条件，制定有关维修人力、物力和经费等的标准作为维修定额。装备维修中定额的种类很多，如备件供应标准、维修经费标准、原材料消耗标准等。

（2）比较法。是指通过分析比较来确定维修计划指标的方法。一是不同时期的纵向比较，即根据以往各年装备维修的实际情况和装备维修的发展水平进行分析对比，以确定合理的维修计划指标；二是同类单位或同级单位、同类项目进行横向比较，从中找出差距，挖掘潜力，确定可行的维修计划指标。

（3）专家预测法。是指利用专家的经验和智慧对维修计划指标进行预测的方法，它适用于缺乏数据资料的有关维修计划指标的确定和装备维修长远发展计划指标的确定。

3. 分析规划方法

分析规划方法是拟定装备维修计划方案并对各种可行的维修计划方案进行分析、比较、评价、选优时采用的方法，主要包括分析综合法和统筹法。

（1）分析综合法。分析综合法要求从技术条件是否可行、经济条件是否节约等多方面加以分析、综合和权衡来确定最佳维修计划。在装备维修管理中，对较大范围的经费、物资调整，重要、复杂装备的修理等，都要进行技术、经济等方面的综合分析论证。

（2）网络统筹法。网络统筹法是一种计算机网络技术和统筹方法相结合产生的科学的计划管理方法。装备维修计划所涉及的内容，既有先后顺序，又互相关联，关联的因素又特别多，包括技术、经济、人力、物力、场所、工具等。运用计算机网络技术，可以把整个计划看作为一个大系统，根据各个环节间的逻辑关系，对人力、物力、时间、资源等合理地统筹安排，保证以最少的资源、最短的时间、最有利的方式为维修管理人员做出最优的计划决策。

6.2.4 装备维修计划的实施与控制

1. 装备维修计划的实施

（1）实行装备维修计划的分级管理。要充分发挥各级职能部门的管理作用，围绕着维修计划的总目标，各级管理机构都要制订相应的执行计划，逐级细分，越到下面越具体，直至每个维修操作人员的作业计划，使整个装备维修系统形成一个完整的计划管理体系。整个空管装备维修计划管理体系就像座金字塔，只有层层紧密衔接，基础牢固，塔顶的目标才能很好地实现。

（2）充分调动员工的积极性和创造性。一线员工是维修计划的具体执行者，直接决定维修计划目标的实现水平。因此，维修计划确定后要让员工尽快明确奋斗目标，同时要开展有力的政治教育和思想动员工作，把贯彻执行计划同开展劳动技能竞赛活动结合起来，把精神鼓励和必要的物质鼓励结合起来，提高员工的觉悟，使其以主人翁的态度完成计划规定的任务。还要组织员工对计划进行认真讨论，深度挖掘员工潜力，提出合理化建议，制定有力的可执行措施，层层落实计划。

（3）执行计划实行目标管理。目标管理就是按各级、各单位、各员工承担的任务和职责不同，把装备维修计划的总指标分解为若干具体的指标。这些计划层层落实，指标层层分解，既能测定维修活动是否按统一计划进行，又能衡量维修活动对实现维修目标的具体效果，然后把这些具体指标逐一落实到各级、各单位和各位员工，使每个单位及维修人员既有明确的努力目标，又有行动的准则，从而实现目标自上而下的分级管理，保证维修活动的高效开展。

（4）严密组织，抓好落实。执行空管装备维修计划前的各项准备工作，包括制订标准、规章、规程等技术文件，筹措维修设备、器材、原材料等资源，管理和培训操作人员，这些都要制定措施、抓好落实，要做到定单位、定人员、定项目、定进度，搞好维修的协调统筹工作。

2. 装备维修计划的控制

装备维修计划的制定和实施是一个动态过程，对这个过程进行科学管理和有效监控，就是装备维修计划的控制工作，它是维修计划顺利实施的基础和重要手段。装备维修计划的控制工作主要围绕计划的目标和中心任务进行，主要内容包括① 各项计划指标的完成情况，包括进度、数量、效率、效益；② 执行计划过程中出现的重大问题和解决方法，执行计划中的经验和教训；③ 执行计划过程中贯彻执行有关政策法规、条例规章的情况。

3. 装备维修计划的检查

装备维修计划检查，从时间上看可分为日常检查和定期检查；从检查的内容和范围上看可分为全面检查和专题检查；从检查的人员看可分为上级检查和自身检查，专职人员检查和群众检查；从检查的方式看可分为利用统计报表间接检查和召开会议、听取汇报、深入现场直接检查。这些检查方式往往是相互结合进行的，但检查时都要注意：① 明确标准，既要有定性标准，更要有定量标准，要求检查人员对照规定标准客观地、严格地检查执行情况；② 及时指导，采取措施，纠正偏差；③ 检查计划的执行情况，关键是做好经常性的信息反馈，因此要加强原始资料的记录、传递和统计分析。

6.3 科学维修质量管理

6.3.1 维修质量管理的内涵

1. 维修质量

质量是反映实体满足明确和隐含需要能力的特性之总和，具有丰富的内涵和外延。质量贯穿装备的全寿命周期过程，包括装备的设计质量、生产制造质量、服务质量以及维修质量等，其中维修质量是指通过维护和修理所达到的装备满足使用要求的程度。维修质量管理要尤其重视保护和恢复装备的可靠性、维修性和安全性，绝不能仅仅只在意恢复某些功能属性。这是现代维修质量观念上的重大变化，只有树立这样的质量观，才能真正保证维修质量。

2. 科学维修质量管理

装备科学维修质量管理是在维修活动中为确保维修质量而进行的管理活动，也就是用现代科学管理的手段，充分发挥组织管理和专业技术的作用，有效地利用维修的人力、物力资源以达到高质量、低消耗地进行维修的目标。维修质量管理要从全面分析影响维修质量的因素入手，综合运用现代科学管理技术、系统工程和数理统计等方法，掌握维修质量变化的客观规律，建立起一套完善的维修质量保证体系，并有组织、有系统地实施全员、全过程、全面的质量管理。

6.3.2 维修质量的波动性

在长期生产实践和管理过程中，人们发现装备质量和自然界的事物一样，没有两个绝对相同的，总是或多或少地存在着差异，这就是质量变异的固有特性——波动性。空管装备维修质量也一样，同一型号不同装备的维修质量可能各不相同，同一装备不同时期的维修质量也有差异，维修质量波动性是客观存在的。因此，只有掌握了维修质量波动的客观规律，才能对维修质量实施有效的控制。

1. 维修质量波动性的来源

引起维修质量波动性的原因通常可概括为"5M1E"，即材料（Material），材料成分物理性能与化学性能等；装备（Machine），装备型号的差异、批次的不同、技术状态的差异等；方法（Methods），维护或保养不当、使用操作不当等；操作者（Man），技术水平、熟练程度、工作态度、身体条件以及心理素质的差异等；测量（Measure），测量设备不精确、检测方法错误、试验手段不科学等原因，不能保证质量性能指标的统一和稳定；环境（Environment），温度、湿度、亮度、清洁程度，以及装备的运行使用环境等。

2. 维修质量波动性的特点

根据以上6方面原因，维修质量波动性的特点可归纳为偶然性和系统性两大类。

（1）偶然性。是指诸如维修工具的正常磨损，操作或维修人员细微的不稳定性等这样一些原因，它们的出现是由随机性因素造成的，不易测量和识别。由于随机因素是不可避免且经常存在的，所以偶然性维修质量波动为正常原因，是一种经常起作用的无规律现象。

（2）系统性。是指诸如刀具严重磨损，装备不正常调整，操作或维修人员偏离操作或维修规程、标准等这样一些原因，它们容易被发现和控制，采取措施后容易消除。由于这些因素是由明显倾向性或一定规律的因素造成的，因此是可以避免的，也是不允许存在的，所以系统性维修质量波动为异常原因，是一种不经常起作用的有规律现象。

正常原因所造成质量特性值的波动称为正常波动，并称这时的维修过程处于统计的控制状态或处于控制状态；异常原因所造成质量特性值的波动称为异常波动，并称这时的维修过程是处于非统计的控制状态或处于非控制状态。维修过程处于控制状态，维修数据具有统计规律性，而处于非控制状态，维修数据的统计规律性就受到破坏。因此，维修质量控制的重要任务之一就是要分析维修质量特性数据的规律性，从中发现异常数据并追查原因，消除异常因素，把重点从"事后把关"转移到"事前控制"上来，减少或预防故障与事故的发生。

6.3.3 全面维修质量管理体系

1. 全面维修质量管理体系的内涵

质量管理是在质量方面进行管理指挥和控制组织的协调活动，包括质量方针及目标制定、质量策划、质量控制、质量保证和质量改进等。实现质量管理的方针目标、有效地开展各项质量管理活动，就必须建立相应的管理体系，即为质量管理体系。

维修质量管理就是要着眼于全面消除维修质量影响因素的消极作用，实施全面维修质量管理，达到控制维修质量和提高维修质量的目的。全面维修质量管理是应用全面质量管理的理论、方法、技术与手段对装备维修质量实施的管理过程与管理体系。按照美国著名质量管理专家菲根堡姆的定义，全面质量管理（Total Quality Management，TQM）是一种新型的质量管理模式，它不是传统的检测技术或统计分析管理方法，而是一种学说，是一整套管理思想、管理理念、技术手段和科学方法的综合体系。全面维修质量管理包含全面的维修质量管理、全过程的维修质量管理、全员的维修质量管理、综合性的维修质量管理4层含义。

国际标准化组织（International Organization for Standardization，ISO）为适应质量管理的发展和国际贸易的需要，于 1979 年成立了质量管理和质量保证技术委员会（简称ISO/TC176），负责制订质量管理和质量保证标准。在总结世界主要发达国家质量管理体系经验的基础上，分别于 1986 年发布了 ISO8402《质量管理和质量保证—术语》标准，1987 年发布了 ISO9000《质量管理和质量保证标准——选择和使用指南》、ISO9001《质量体系——设计、开发、生产、安装和服务的质量保证模式》、ISO9002《质量体系——生产和安装的质量保证模式》、ISO9003《质量体系——最终检验和试验的质量保证模式》以及 ISO9004《质量管理和质量体系要素——指南》。这 6 项国际标准通称为 ISO9000 系列标准，或被称为 1987 版 ISO9000 系列国际标准。由于这一系列标准具有较强的实践性和指导性，标准一经问世，立即得到包括我国在内的世界很多国家和地区的普遍欢迎，纷纷采用，影响深远。此后，ISO 会每隔 7~8 年对上述标准做一次修订，目前在用的是2015 年正式发布的 2015 版 ISO9000 族标准。

空管维修质量管理体系，是指为保证空管装备满足管制运行所规定的要求或潜在需要，由组织机构、职责、程序、活动、人力和资源等要素构成的有机整体。建立空管维修质量管理体系，就是通过制定措施和程序，从根本上控制影响维修质量的诸因素，切实保证维修质量，力求以最低的资源消耗保证空管装备处于良好的技术状态，确保管制指挥和航空运行任务的顺利进行。

2. 维修质量管理体系的要素

从维修工作的角度来说，一个维修单位就是一个相对独立的系统，这个系统由诸多要素组成，所以建立的质量管理体系也应由相应的诸多要素组成。根据全面维修质量管理的原理和要求，一个组织的维修质量管理体系必须体现"全员""全过程""全方位"和"综合性"等特点的思想，所以维修质量管理体系通常包括思想质量体系、组织质量体系和维修工作质量体系等要素。

（1）思想质量体系。就是制定完善细致的思想工作制度和措施，不断激励包括各级领导在内的全体维修人员的质量意识，更新质量观念，牢固树立"质量第一、人人有责"的观念，认真地做好各阶段、各环节和各部门的质量管理工作。通过对质量管理重要意义的认识，激发广大空管维修人员参与质量建设的使命感、责任感，把空管维修质量管理推进到一个新的发展阶段。

（2）组织质量体系。维修单位中承担质量管理工作的组织系统与维修实施全过程有关的组织机构体系。这里是指空管维修质量管理的综合性机构，它主要负责并做好与维修工作有关各部门的组织、协调、督促和检查工作，使这些部门的质量管理职能发挥得更好。

（3）维修工作质量体系。空管维修工作是一项技术性强、牵涉面广的综合性活动，能否保证空管装备的使用质量，不但使用部门和维修人员有责任，而且与装备系统内外的其他相关部门都密切相关。此处讲的维修工作质量体系主要侧重于空管维修一线，即空管分局、站的技保部门或维修中心或机场通导部门的装备运维一线的维修质量管理体系。

3. 维修质量管理体系的运行

空管维修质量管理体系建立以后，应积极创造条件，在实际维修活动中推广应用，发现问题要及时解决，不断改进完善。空管维修质量管理体系应满足4个基本要求：① 质量体系能够被组织成员所理解、实施、保持、并行之有效；② 维修质量确实能满足用户的需求和期望；③ 综合考虑社会与环境等方面的需要；④ 质量管理体系应以预防为主，而不仅仅依靠事后检查和检验。虽然维修组织各不相同，但是其质量管理体系运行原理是基本一致的，空管维修质量管理体系运行的基本过程如图 6-1 所示。

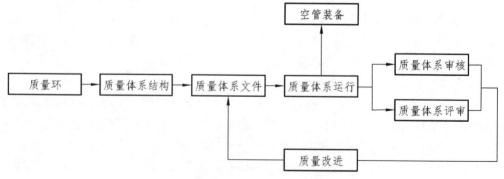

图 6-1 空管维修质量管理体系运行过程

（1）分析质量环。根据空管维修的特点，分析维修质量的形成过程，从中找出影响维修质量的环节或阶段，并确定每个环节或阶段的质量职能及质量要求。

（2）确定质量体系结构。根据对质量环的研究结果，分析研究和确定空管维修质量管理体系的具体结构、具体要素，以及对每项要素进行控制的要求和措施，为达成符合质量要求的维修目标提供必要的设备和人员。

（3）形成质量体系文件。根据对质量体系结构研究的结果，形成正式的质量体系文件，它是维修相关部门和人员必须执行的维修组织管理法规。

（4）贯彻质量体系文件。维修组织内所有与质量有关的人员要及时学习质量体系文件，使他们在各自的岗位上自觉地执行体系文件中的有关质量规定。通过质量体系文件的贯彻实施，使影响维修质量的各个因素始终处于正常的受控状态下，一方面是有效预防质量问题的发生，另一方面是一旦出现质量问题能及时发现并采取纠正措施，从而能够保证空管维修质量的持续稳定。

（5）进行质量体系审核。由与被审核领域无直接责任的人员检查各有关部门和人员对质量体系文件的贯彻执行情况，对不认真的要严肃处理。

（6）开展质量体系评审和评价。从总体上讲，质量体系应具有相对稳定性，但是由于外部环境和内部情况的不断变化，当不适应这种新的形势要求时，需要及时调整、改进原来的质量体系。并且质量体系文件中的各项规定，通过实践的检验，往往会发现一些不当之处，或者由于条件的变化需要体系文件做必要的修改和补充。

（7）质量改进。在实施质量体系时，维修组织的领导应确保质量体系能促进持续的质量改进。实现持续的质量改进应是维修组织对全部职能实施管理所追求的永恒目标，同时也是各级各类人员追求的永恒目标。

上述7项活动，相互关联、相互作用，形成质量体系的运行机制。就维修质量而言，能否满足规定要求，关键在于采取有效措施使影响维修质量的各种因素处于受控状态。

6.3.4 维修质量控制分析方法

全面维修质量管理是一个不断地、连续地维修质量改进过程，即为计划（Plan）、执行（Do）、检查（Check）、处理（Act）过程，被称为PDCA循环。由于该循环是由美国的戴明提出，故又称戴明循环。过程改进的出发点是更好地满足用户需求，所以首先必须从用户的角度来选择应予改进的问题或质量特性，并确定改进的目标和指标，然后依次进行规划、执行、检查和处理，一般可将其分为4个阶段、8个步骤。PDCA循环及常用控制方法见表6-1。

1. 直方图

直方图是整理数据、描绘质量特性数据分布状态的常用工具，是对故障发生的频数或频率与相对应的质量特征值关系的一种图形表示。直方图有助于形象化地观察数据分布、形状以及离差，它的主要应用就是确认数据的分布，常用于故障发生时间的分布研究等问题。应用直方图进行统计分析，首先将所收集的数据按大小顺序分成若干间隔相等的组；其次以组距为横轴，以各组数据频数为纵轴，将其按比例绘制成若干直方柱排列的图；最后进行分析判断，即根据图形判断装备维修质量的分布规律。

表 6-1 PDCA 循环

阶段	步骤	控制方法
计划	1.找出存在问题，确定工作目标	排列图、直方图、控制图等
	2.分析问题产生的原因	因果图
	3.找出主要原因	排列图、相关图等
	4.制订工作计划	对策表
实施	5.执行计划措施	严格计划执行，落实措施
检查	6.调查效果	排列图、直方图、控制图等
处理	7.找出存在问题	转入下一个 PDCA 循环
	8.总结经验教训	工作结果标准化、规范化

例 6.1 某型装备 88 个发生故障的时间样本（h）：75，61，51，91，91，125，127，52，147，95，140，179，95，140，98，155，112，187，114，149，141，136，152，75，148，73，175，I25，153，102，63，128，64，126，60，121，127，33，106，127，147，39，169，44，105，93，48，140，102，91，75，140，80，108，10，14，76，14，75，151，45，82，43，64，89，86，65，87，126，141，106，115，88，87，88，69，68，28，47，102，91，109，190，100，12，110，114，125，请绘制其直方图。

解：（1）确定分组数：将 n 个数据分成 k 组，当 $n \leqslant 50$ 时，取 $k=5 \sim 6$；当 $50 < n \leqslant 100$ 时，取 $k=6 \sim 10$；当 $n>100$ 时，取 $k=10 \sim 20$；若 n 很大时，可根据斯特科（Sturges）经验公式 $k=1+3.3\lg(n)$ 来计算。因为 $n=88$，所以取 $k=9$。

（2）确定组距：应用数据组的极差 R 和分组数 k 来确定组距 d：

$$R = \max_{1 \leqslant i \leqslant n}\{x_i\} - \min_{1 \leqslant i \leqslant n}\{x_i\} \tag{6-1}$$

$$d = R / k \tag{6-2}$$

根据式（6-1）和（6-2），得 $R=190-10=180$，$d=180/9=20$；当然根据样本数据的实际情况，有时也可以采用不等距分组。

（3）列表计算各组频数：统计各组频数，见表 6-2。

表 6-2 某型装备故障时间频数统计

组数	组距	频数 f_i
1	10 ~ 30	5
2	30 ~ 50	7
3	50 ~ 70	10
4	70 ~ 90	14
5	90 ~ 110	17
6	110 ~ 130	15

续表

组数	组距	频数 f_i
7	130～150	11
8	150～170	5
9	170～190	4

（4）绘制直方图：以纵坐标表示频数，横坐标表示时间，各组频数为直方柱的高度，即可得频数直方图，如图 6-2 所示。如果各个直方柱的高不是取频数 f_i，而是频率 f_i/n，便可得到频率直方图，频率直方图与频数直方图的形态完全相同。

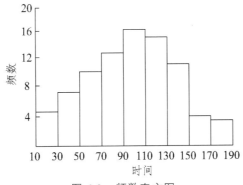

图 6-2　频数直方图

从图 6-2 可以直观地看出，该装备故障分布很可能具有正态分布的特性，所以可认为该维修过程是处于控制状态。应用直方图，可以判断出维修质量是否在可控状态，是否存在问题，但若要分析原因，确定出存在的各种具体问题，需要应用因果图和散布图等方法。

2．因果图

因果图是表示质量特性与原因关系的图，它把对某项质量特性具有影响的各种主要因素加以归类和分解，并在图上用箭头表示它们的关系，因而又称为特性要因图、树枝图、鱼刺图等（见图 6-3）。因果图中的后果指的是需要改进的质量特性以及这种后果的影响因素。

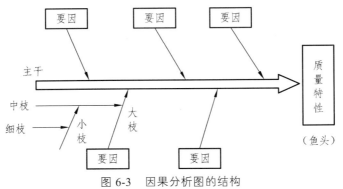

图 6-3　因果分析图的结构

因果图由质量特性、要因和枝干三部分组成。质量特性是期望对其改善或进行控制的某些属性，如合格率、缺陷率、故障率、维修工时等。要因是对质量特性施加影响的主要因素，要因一般是导致质量异常的几个主要来源，如维修质量的要因可归纳为"5M1E"。枝干是因果分析的联系环节：把全部要因同质量特性联系起来的是主干，把个别要因同主干联系起来的是大枝，把逐层细分的因素同各个要因联系起来的是中枝、小枝和细枝，如图 6-4 所示。

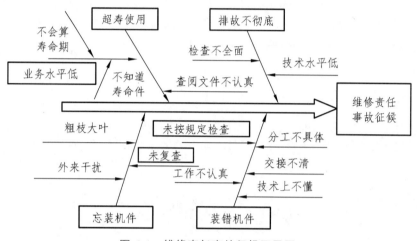

图 6-4 维修责任事故征候因果图

因果图的重要作用在于明确因果关系的传递途径，并通过原因的逐层细分，明确原因的影响大小与主次。

如果有足够的数据，可以进一步找出影响因素的平均值、标准差以及发生概率等方面的原因，从而做出更确切的分析，确保装备维修质量符合规定要求。由图 6-4，可以确定影响装备维修责任事故征候的影响因素主要为"业务水平低""未复查""未按规定检查"等，但在这几种关键因素中，它们对消除维修责任事故征候的作用如何，哪一种因素是最关键的，因果图并未能给出一个肯定的答案。对此，一种常用的技术就是排列图，也被称作 ABC 分析。

3. 排列图

排列图最早用来分析社会财富的分布状况，它发现少数人占有大量财富的现象，说明了所谓"关键的少数与次要的多数"之间的关系。排列图是由意大利经济学家帕累托（V. Pareto）首先提出来的，故又被称为帕累托图。后来美国的朱兰（J. M. Juran）将此法应用于质量控制，因为在质量问题中也存在"少数不良项目造成的不合格产品占据不合格品总数的大部分"这样一个规律。

排列图由两个纵坐标、一个横坐标、几个直方柱和一条折线组成，如图 6-5 所示。左纵坐标表示频数，右纵坐标表示频率；横坐标表示影响质量的各种因素，按影响程度的大小从左到右依次排列；折线表示各因素大小的累计百分数占比，由左向右逐步上升，此折线称为帕累托曲线。

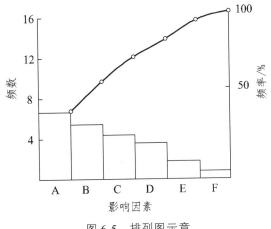

图 6-5　排列图示意

排列图是寻找影响装备维修质量关键因素的一种工具。排列图一般将影响因素分为三类：A 类包含大约 20% 的因素，但它导致了 75% ~ 80% 的问题，称之为主要因素或关键因素；B 类包含了大约 20% 的因素，它导致了 15% ~ 20% 的问题，称之为次要因素；其余的因素为 C 类，称之为一般因素，这就是所谓的 ABC 分析法。利用排列图便于确定关键影响因素，利于抓住主要矛盾，可以有重点地采取针对性管理措施。

4. 散布图

散布图是表示两个变量之间相关性的图形，通常用于研究因果关系，也是因果图的补充。在分析维修质量问题或原因时，通常需要了解各个变量之间的关系，这些关系中有的属于确定性关系，可用函数关系式来表达；有的变量之间虽然存在着关系，但却不能由一个变量的数值来精确地求出另一个变量的数值，这种关系称为相关关系。在研究相关关系时，把两个变量的数据对应着列出，用小点画在坐标图中，以便观察它们之间的关系，这种图就被称为散布图，一般用于趋势分析。

散布图是初步认识两个变量相关关系的一种简易工具，有 6 种典型的散布形态，如图 6-6 所示：① 强正相关，如图 6-6（a）所示；② 强负相关，如图 6-6（b）所示；③ 弱正相关，如图 6-6（c）所示；④ 弱负相关，如图 6-6（d）所示；⑤ 不相关，如图 6-6（e）所示；⑥ 非线性相关或曲线相关，如图 6-6（f）所示。

散布图中点散布的疏密程度与坐标单位选取有关，仅凭视觉观察容易出现判断错误。所以，在进一步分析变量相关性时，需要计算其相关系数。通过 n 个样本数据 (x_i, y_i)（$i=1$，2，…，）计算相关系数 r 的公式为

$$r = \frac{S_{xy}}{\sqrt{S_{xx}S_{yy}}} \tag{6-3}$$

$$S_{xx} = \frac{1}{n}\sum_{i=1}^{n}x_i^2 - \frac{1}{n}\left(\sum_{i=1}^{n}x_i\right)^2 \tag{6-4}$$

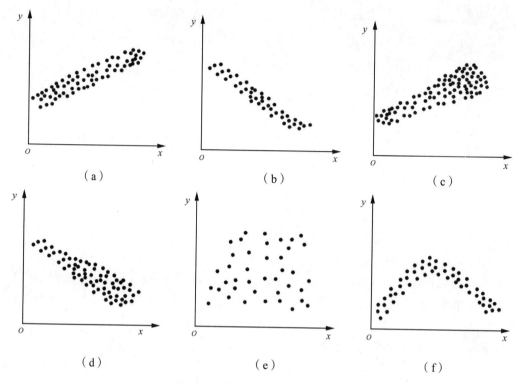

图 6-6　散布图的 6 种典型形态

$$S_{yy} = \frac{1}{n}\sum_{i=1}^{n} y_i^2 - \frac{1}{n}\left(\sum_{i=1}^{n} y_i\right)^2 \tag{6-5}$$

$$S_{xy} = \frac{1}{n}\sum_{i=1}^{n} x_i y_i - \frac{1}{n}\left(\sum_{i=1}^{n} x_i\right)\left(\sum_{i=1}^{n} y_i\right) \tag{6-6}$$

式中，相关系数取值范围是 $0<|r|<1$；完全相关时，$|r|=1$，完全不相关时，$|r|=0$。

例 6.2　某型装备使用 12 个月的工作时数与故障数的统计数据见表 6-3，试绘制散布图，分析其相关性。

表 6-3　工作时数与故障数的统计数据

月份	1	2	3	4	5	6	7	8	9	10	11	12
工作时数/h	6 251	5 650	5 710	5 538	6 640	4 998	4 048	6 100	5 104	4 682	5 136	4 359
故障数	415	380	392	401	405	308	307	398	351	361	375	269

解：将工作时数看作 x，故障数看作 y，其散布图如图 6-7 所示。从图中可以大致看出点围绕某直线方向散布，表示随着工作时数的增长故障数有增加的趋势。

按表 6-3 的数据，根据式（6-3）到式（6-6）计算其相关系数 r，得 $r=0.852$，即故障数与工作小时数之间有强正相关关系。

需要注意的是，计算所得相关系数值的可靠性与样本容量大小有关。当样本容量较小时（如 $n<20$），r 与实际相关系数的误差一般较大，故只能将 r 值作为参考；当样本容量 n 比较大时（如 $n>50$），把 r 作为真实相关系数的近似值才比较合适。

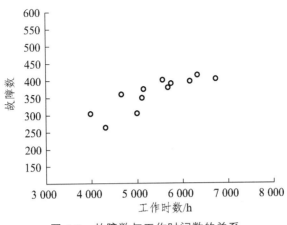

图 6-7　故障数与工作时间数的关系

5. 控制图

控制图是一种应用科学方法对维修过程质量进行测定、记录从而进行管理控制的图形，用于区别质量特性值的波动是由于偶然原因还是系统原因所引起，从而判明工作过程是否处于控制状态的一种工具。

控制图是维修质量控制的核心工具之一，如图 6-8 所示。控制图的横坐标表示按时间顺序的抽样样本号，纵坐标表示质量特性值。控制图一般有中心线（Center Line，CL）、上控制界限（Upper Control Limit，UCL）、下控制界限（Lower Control Limit，LCL），控制界限是判断工作过程状态正常与否的标准尺度。把各样本的质量特性值依次逐点描在控制图上，如果点全都落在上、下控制界限之内，且点的排列又正常时，即可判断质量是处于控制状态，否则就认为质量过程存在着异常因素，应查明原因，予以消除。

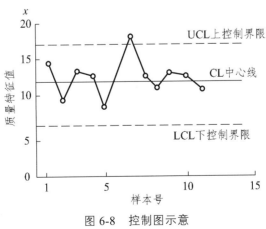

图 6-8　控制图示意

控制图的实质就是区分偶然性特点和系统性特点两类质量因素，选用 $\mu\pm3\sigma$ 作为偶

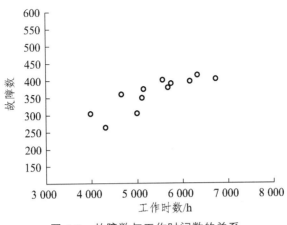第 6 章　空管维修科学管理

然性与系统性判别的界限，把落在控制界限以内的质量特性看作是正常的，把落在控制界限以外的质量特性看作是异常的，这就对维修质量起到控制界限判断标准的作用。

6.4 科学维修保障资源管理

维修保障资源配置优化与否，直接关系空管指挥和航空运行的安全，并影响装备维修的综合效益，因此装备维修保障资源是维修保障系统非常重要的组成部分。

6.4.1 维修保障资源的内涵

维修保障资源是指装备维修所需的人力、物资、经费、技术、信息和时间等要素的统称，主要包括维修人员、维修器材、保障装备和技术资料等。装备维修保障系统高效、可靠地运行离不开保障要素的有机协调和匹配。

1. 人员数量与等级

维修保障人员是实施装备维修工作的主体，需要明确装备各维修级别所需人员的数量和技能等级要求，并组织维修人员的培训和考核。维修保障人员的数量和素质直接关系装备维修保障的总体水平，是维修资源诸要素中最重要的要素。

2. 维修器材

维修器材是装备维修保障的物质基础，需要确定装备使用与维修所需器材的品种、数量，以及器材筹措、供应、储运方式和备件修理条件等。维修器材通常包括事先采购尚未使用和故障件修复后转入备用两种，它的有效、快速补给直接关系空管装备维修能否顺利进行。

3. 保障装备

保障装备是实施空管装备维修保障的工具及设备，需要规划配属于维修机构用于装备维修的各种工具、地面保障设备、检测设备、修理工艺设备、防护设备、专用车辆和方舱等，以及这些保障装备的采购、检测、修理等条件。保障装备的科技水平和配套程度，反映了装备维修保障能力水平的高低。

4. 技术资料

技术资料是实施装备维修的重要依据，需要规划和提供装备使用与维修所需要的各种技术文件、使用说明书和工作环境要求等。技术资料通常包括使用与维修工作程序、图表、技术数据、标准和要求，以及保障装备的使用和维护方法等。技术资料应当与交付使用的装备技术状态相符合，且满足装备使用和维修的需要。

6.4.2 维修保障资源配置的基本依据

装备维修保障资源的配置应遵循 6 个基本原则：① 满足平时和应急情况对装备维修

的需求；② 简化维修对资源的要求；③ 尽量减少新研制的维修保障资源；④ 尽量降低维修保障资源的费用；⑤ 简化维修保障资源的采办过程；⑥ 优化维修保障资源的品种和数量。维修保障资源选择与配置的基本依据主要是装备使用要求、维修保障方案和具体维修任务。

1. 装备使用要求

装备体制、编配方案和装备使用强度、工作环境等约束条件，不仅是装备论证研制的依据，而且也是维修保障资源配置的基本依据。

2. 维修保障方案

维修保障方案是关于装备维修的总体规划和装备维修保障工作的概要性说明，通常在装备研制阶段由设计和生产部门提出。其内容包括实施装备维修所预计的主要维修资源和维修活动约束条件，是设计和确立装备预防性维修、修复性维修和现场抢修所需保障资源的重要依据。

3. 维修任务

通过维修任务分析所确定的各维修级别上的维修工作和操作频率，是维修保障资源确定的主要依据。维修保障资源分析主要根据完成任务的需要来确定维修保障资源的项目、数量和质量等要求。通过维修任务分析保证在预定的维修级别上，维修人员的数量及技术等级与维修任务所需人员及能力相匹配；储备的备件及预定的换件工作与"修复-更新"决策相匹配；保障设备、配套工具及检测诊断条件与同该级别预定的维修任务相匹配等。

6.4.3 维修保障资源配置的过程

由于装备维修保障资源种类众多且各有特点，同时资源的配置涉及装备研制和使用的多家相关单位及部门，因此确定维修保障资源的时机和要求也各有差异，下面仅就维修保障资源配置的一般步骤和方法进行介绍。

1. 提出维修保障资源需求和约束条件

（1）论证阶段。在论证和确定装备使用及维修要求的基础上，分析和确定维修人员、保障装备、设施、器材、技术资料等约束条件。

（2）方案阶段。在装备功能分析及维修保障要求与有关设计特性相协调的基础上，进行初始保障性分析，粗略地确定各种维修保障资源。

2. 确定和优化维修保障资源需求

在装备工程研制阶段，通过保障性分析和维修资源有关技术数据的收集分析，针对某一具体装备使用与维修而提出的资源要求，综合协调，确定和优化维修资源需求，制订一套能够用于开发、研制、采办各种维修资源的正式保障计划。

3. 调整和完善维修保障资源需求

在装备使用过程中，收集维修资源消耗数据，评估其对装备使用与维修的匹配性和实用性。通过对维修资源的分析，找出维修资源存在的问题，不断修正和改进。同时，还要根据空管指挥和航空运行需求的不断发展变化，适时调整和完善维修资源及其配置。

4. 由低到高确定和优化维修保障资源

首先确定单个装备所需维修保障资源，如工具、器材备件、检测设备和使用维护手册等，以保证对装备的使用和基层级维修的需要。进一步就要由低到高逐步确定并优化保障资源，即先确定并优化具体机场、空管分局、空管站的维修保障资源要求，然后确定机场集团、地区空管局的维修保障资源要求，最后确定全国层面的维修保障资源需求。

空管装备维修保障资源的优化配置，是与装备使用和维修保障所要达到的目的紧密相关的，从根本上讲就是要以最少的人力、物力消耗，最快的速度为空管指挥和航空安全运行提供持续可靠的保障，即维修保障资源配置追求的是最佳的安全性和经济性。

6.4.4 维修器材需求确定的方法

随着空管装备集成化、模块化程度的不断提升，在实际使用和维修保障过程中采用换件的方法进行维修的情况较多，因此科学、合理地确定维修器材及备件的需求，对提高装备维修保障效率、效益和可靠性都具有十分重要的意义。

1. 基本方法

（1）直接计算法。分析装备在一定的使用期内预期的使用和维修保障任务，以及每次维修预期的器材及备件消耗量，直接计算出某种器材的需求量。

（2）比较法。利用相似装备、相似维修事件等所消耗的某种器材量，综合考虑当前装备的使用环境、使用强度等，通过适当修正来估算某种器材的需求量。

（3）统计预计法。分析历史数据，找出器材的消耗规律，建立相应的预测模型，预计器材需求量。

上述三种器材需求确定的基本方法中，前两种考虑的因素比较简单，因而分析结果与实际需求可能有较大的差距，在实际应用中还必须加以人为的修正。第三种统计分析法的预计结果比较符合实际，但它需要以大量的历史数据为研究前提，当数据资料积累不够，特别是当新装备、新器材无数据可支持时，这种方法就有较大的局限性。

2. 耗损型器材需求模型

维修器材需求的确定，除了上述三种简单的基本方法外，还可利用系统工程、概率与数理统计、随机过程等理论和方法，对器材的消耗及需求进行分析，建立标准条件下的器材需求模型，并结合各种因素对需求量进行修正。

耗损型器材是不可修复的，根据实际统计和理论分析，可认为它的需求概率服从泊松分布

$$f(x) = \frac{(\lambda Lt)^x}{x!} e^{-\lambda Lt} \tag{6-7}$$

式中　$f(x)$——器材需求概率密度函数；

　　　x——随机变量，表示某装备在规定时间 t 内某器材的需求率；

　　　λ——某器材的故障率；

　　　L——某装备上某器材的数量；

　　　t——使用时间或预防缺货的间隔时间。

用 $P(X \leqslant N)$ 表示发生维修事件时某装备上某器材的不缺货概率，即系统目标函数

$$P(X \leqslant N) = \sum_{x=0}^{N} f(x) = \sum_{x=0}^{N} \frac{(\lambda Lt)^x}{x!} e^{-\lambda Lt} \tag{6-8}$$

式中　P——装备需要维修时能获得器材的概率目标；

　　　N——器材的需求量。

由式（6-8），如果给定不缺货目标概率 $P(X \leqslant N)$ 和故障率 λ 的值，就可确定出器材的需求量 N。

3. 可修复器材需求模型

部分器材通过修复可恢复如新，被称为可修复器材。由于修复工作可大大提高器材的利用率，故在其他条件一致的情况下，所需器材的总数量相应有所减少。在建立数学模型时，将该器材修理过程看作是多服务台的排队系统，可维修器材的故障和修复时间均服从指数分布。假设各维修分队相互独立且平均服务率相同，根据排队论方法可得

$$P(X = k) = \begin{cases} \dfrac{L^k}{k!}\left(\dfrac{\lambda}{\mu}\right)^k P_0, & (0 \leqslant k \leqslant c) \\[3mm] \dfrac{L^k}{c! c^{k-c}}\left(\dfrac{\lambda}{\mu}\right)^k P_0, & (c < k \leqslant N) \\[3mm] \dfrac{L^N L!}{c! c^{k-c}(L-k+N)!}\left(\dfrac{\lambda}{\mu}\right)^k P_0, & (N < k \leqslant N+L) \end{cases} \tag{6-9}$$

由于

$$\sum_{k=0}^{N+L} P(X = k) = 1 \tag{6-10}$$

则

$$P_0 = \left[\sum_{k=0}^{c} \frac{L^k}{k!}\left(\frac{\lambda}{\mu}\right)^k + \sum_{k=c+1}^{N} \frac{L^k}{c! c^{k-c}}\left(\frac{\lambda}{\mu}\right)^k + \sum_{k=N+1}^{N+L} \frac{L^N L!}{c! c^{k-c}(L-k+N)!}\left(\frac{\lambda}{\mu}\right)^k \right]^{-1} \tag{6-11}$$

当发生维修事件时该系统中某装备上某器材的不缺货概率 $P(X \leqslant N)$ 为

$$P(X \leqslant N) = \sum_{k=0}^{N} P(X = k) = \left[\sum_{k=0}^{c} \frac{L^k}{k!} \left(\frac{\lambda}{\mu} \right)^k + \sum_{k=c+1}^{N} \frac{L^k}{c! c^{k-c}} \left(\frac{\lambda}{\mu} \right)^k \right] P_0 \qquad (6\text{-}12)$$

式中　P——装备需要维修时能获得器材的概率目标；

　　　X——随机变量，表示某装备在规定的时间 t 内某器件的需求量；

　　　L——某装备上某可维修器件的数量；

　　　N——某可维修器件的需求量；

　　　λ——某可维修器材的故障率；

　　　c——维修分队数量；

　　　μ——维修分队的平均服务率；

　　　P_0——初始状态概率。

4. 器材需求的修正

上述耗损型器材和可修复器材的需求量预计模型主要考虑了器材的故障率和维修特性，并假定装备是工作在标准条件下。但是为了得到更准确的器材需求值，需要对上面得到的器材需求量进行修正，即

$$N = N_0 (1 + \Pi_h + \Pi_k + \Pi_s) \qquad (6\text{-}13)$$

式中　N_0——标准条件下器材的需求量；

　　　Π_h——工作环境影响系数；

　　　Π_k——使用强度影响系数；

　　　Π_s——意外耗损影响系数。

以上影响系数的取值，可通过相关试验获得，也可参考相关文献，如工作环境影响系数 Π_h 为

$$\Pi_h = \frac{\alpha_i + \alpha_{oi} + \alpha_{op}}{\alpha_f + \alpha_{of} + \alpha_{op}} - 1 \qquad (6\text{-}14)$$

式中　α_i——第 i 种环境下，环境应力引起的器材需求率；

　　　α_f——标准环境下，环境应力引起的器材需求率；

　　　α_{oi}——第 i 种环境下，工作与环境应力引起的器材需求率；

　　　α_{of}——标准环境下，工作与环境应力引起的器材需求率；

　　　α_{op}——仅由工作应力引起的器材需求率。

6.5　科学维修系统工程管理

科学技术推动和使用需求的牵引使空管维修从一种复杂的技艺性活动发展为一种技术与管理相融合的综合性工程技术和管理活动，因此要求空管维修工作具备系统观和大局观。随着空管装备系统越来越复杂，系统工程的价值和作用逐渐被认识和重视，系统工程理论和技术方法的应用促进了空管维修的改革与发展，科学维修系统工程管理即追

求空管维修系统和系统目标的最优化。

6.5.1 空管维修系统的内涵

1. 系　统

系统是具有特定功能，由相互间具有有机联系的许多要素所构成的一个有机整体，每一要素可以称为单元，也可以称为子系统，而且它又是另一更大系统的组成部分。例如，航向台（LOC）是由天线和发射机等子系统组成的，而航向台本身又是仪表着陆系统（ILS）这个大系统的一个分系统。

2. 系统工程

系统工程学是 20 世纪开始兴起的一门涉及许多专业学科内容的交叉学科，它把自然科学、社会学科中的一些思想、理论、方法等根据系统总体协调的需要有机地结合起来，旨在追求最优化的系统或系统目标。著名科学家、系统工程中国学派的创立者钱学森同志指出："系统工程是一门组织管理的技术，它是组织管理系统的规划、研究、设计、制造、试验和使用的科学方法"。

所谓系统工程，首先是把要研究的对象或工程管理问题看作是一个由很多相互联系相互制约的组成要素构成的总体，然后运用运筹学、概率与数理统计、计算机等技术对构成系统的各要素进行分析、预测、评价，最后进行综合决策，从而使该系统达到最优。系统工程学的根本目的就是保证最少的人力、物力和财力在最短的时间内达到系统的目标，完成系统的任务。

系统工程方法的主要特点有：① 把研究对象作为一个整体来分析，分析总体中各要素之间的相互联系和相互制约关系，使总体中的各要素相互协调配合，服从整体优化要求；② 在分析局部问题时，是从整体协调的需要出发，选择优化方案，综合评价系统的效果；③ 综合运用各种科学管理的技术和方法，定性分析和定量分析相结合；④ 要对系统的外部环境和变化规律进行分析，研究它们对系统的影响，使系统适应外部环境的变化。

3. 空管维修系统

空管维修的基本目标就是以最经济的资源消耗保持、恢复和改善空管装备的可靠性和安全性，最大限度地保证空管装备的正常使用需要。空管维修的保障特性和维修最终目标的唯一性，要求我们必须从系统的角度来看待空管维修过程。

从维修对象来看，空管装备是一系列高新技术密集、系统结构复杂的电子系统；从维修环境来看，空管维修是在复杂、多变和恶劣的环境中开展的，这些环境因素直接影响维修工作的效率和维修质量；从维修活动来看，涉及不同层次、不同种类、不同人员及技术水平的维修活动；因此，必须抛弃过去那种从孤立的、局部的角度来认识和理解空管维修的思想观念，而从有机联系、系统整体的观点来认识和观察空管维修工作，逐步树立和深化空管维修系统的观念。

空管维修系统给我们开启了从系统工程角度在理解和分析空管维修工作的重要方

向。空管维修系统具有一般系统的基本特性，即整体性、集合性、相关性、目的性和环境适应性。只有我们不断深化对空管维修系统特性的认识，才能更准确地把握和揭示空管维修系统的本质规律，推动空管维修系统的持续向前发展。

4. 空管维修系统过程

空管维修系统过程可以用图 6-9 来描述，它主要包括维修输入、维修输出、过程控制、过程机制四类基本活动。

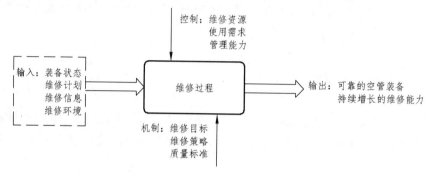

图 6-9　空管维修系统过程描述

（1）维修输入。空管维修系统是一种保持、恢复和改善空管装备可靠性和安全性的过程活动，这种过程活动的输入主要有装备状态、维修计划、维修信息和维修环境等。

（2）维修输出。处于安全、可靠、可用状态的空管装备和持续改进的维修能力为空管维修系统过程的输出。

（3）过程控制。维修资源、使用需求和维修管理能力等直接约束空管维修过程的活动。

（4）过程机制。机制是为维修系统过程提供的方法、技巧、工具或其他手段，维修目标、维修策略、质量标准等都是空管维修系统过程管理需要用到的机制。

6.5.2　空管维修系统工程管理

1. 空管维修系统工程的定义

空管维修是需要对一系列过程活动进行统筹优化的一种复杂系统，它的目标是实现以最经济的资源消耗、最大限度地满足空管装备运行使用的需求。将系统工程学的思想、理论和技术方法逐渐引入空管维修领域，逐步形成了具有使用和维修特色的空管维修系统工程。

空管维修系统工程，是以空管维修系统为研究对象，应用系统工程的理论和技术方法，从系统整体目标出发，研究和解决空管维修理论和实践问题，以实现系统优化目标的综合性工程技术和科学方法。空管维修系统工程，着重研究和解决空管维修思想、方针、政策、维修法规、体制编制、维修方式、维修方法、质量控制、维修创新、维修人才培养等问题；以现代科学技术成果和先进理论为依托，统筹规划，系统分析，民主决策，合理配置，科学管理，充分发挥、调动维修系统各环节、各部门、各组成要素的潜力和主观能动性，使系统达到结构合理、技术先进、运行高效、综合效益最佳。

2. 空管维修系统工程的一般步骤

空管维修系统工程，孕育于长期的空管维修工程和管理实践，它为科学分析和解决空管维修问题提供了一种方法论。系统工程学中分析和处理问题的方法当然也适用于空管维修系统工程，它们为解决复杂的空管维修问题提供了一般性思路和技术途径。比较有代表性的是美国人霍尔（A. D. Hall）在 1969 年提出的霍尔三维结构（见图 6-10），它从时间维、逻辑维、知识维三个维度非常形象地概括了系统工程中的一般步骤与方法，当然可用于指导空管维修系统工程管理。

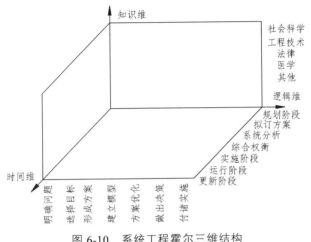

图 6-10　系统工程霍尔三维结构

（1）时间维。表示任何一项系统工程的全寿命周期所必须经历的过程阶段，通常可按时间顺序划分为规划阶段、拟订方案、系统分析、综合权衡、实施阶段、运行阶段、更新阶段 7 个阶段。

（2）逻辑维。也称思维过程，是指实施系统工程的每一个工作阶段所要经过的 7 个基本程序，即明确问题、选择目标、形成方案、建立模型、方案优化、做出决策、付诸实施。

（3）知识维。是指为完成上述各阶段的工作所需的各种知识和各种专业技术。这些知识包括系统学、管理学、经济学、工效学、概率论、数理统计、可靠性、维修性、保障性、测试性、安全性、故障诊断、自动检测、人工智能、维修技术、社会科学等。

3. 并行工程思想与空管维修系统工程

（1）并行工程的定义。

1988 年美国国家防御分析研究所（Institute of Defense Analyze，IDA）完整地提出了并行工程（Concurrent Engineering，CE）的概念，即"并行工程是集成地、并行地设计产品及其相关过程（包括制造过程和支持过程）的系统方法。这种方法要求产品开发人员在一开始就考虑产品整个生命周期中从概念形成到产品报废的所有因素，包括质量、成本、进度计划和用户要求"。

从中可以看出，并行工程是一种管理思想和管理模式，而不是具体的工作方法；并行工程要求在设计一开始就综合考虑装备寿命周期过程中的所有因素，旨在优化设计、制造和保障过程，从而提高质量、降低成本、提升效益、缩短产品开发周期和产品上市时间等。

（2）并行工程的原理。

作为一种新的管理模式，并行工程是对传统串行模式的否定与创新，如图 6-11 所示。传统串行模式的论证、设计、研制、试验、使用和维修等过程按序进行，过程之间相互分离，职能部门各顾一摊，以局部要求和部门利益为中心，工作缺乏相互的沟通和协调，因而上游和下游、部门之间冲突不断，重复设计、返工、周期长、成本高等问题积重难返，难以快速响应使用要求。

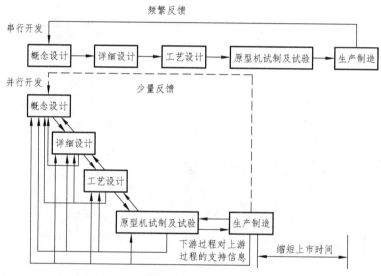

图 6-11　并行工程模式与串行模式比较

并行工程则打破了这种串行模式，按照系统工程观点组成多功能综合产品小组（Integrated Product Team，IPT），以使用需求为牵引，注重统筹规划和早期决策，从更高层次对装备寿命周期过程进行重组和并行思考，在装备研发的早期阶段就尽可能地考虑所有相关过程的各种因素，在设计过程中就采取有效的措施解决装备生产性、装配性等制造过程中和维修、器材供应、人员训练等保障过程中的问题，通过装备寿命周期过程活动之间信息的共享与交换，既降低了冲突水平又显著改善了效率和效益。

综上所述，并行工程与传统串行工程的根本区别在于：并行工程把装备寿命周期过程活动看成是一个有机整体和集成的过程，从全局优化的角度出发对集成过程进行科学管理与有效控制，并利用各种先进的计算机辅助工具和信息化的产品数据管理手段对现有的产品开发过程进行不断的优化与提升。

并行工程具有以下主要特征：以用户为中心；并行开发产品和过程；尽早开展并持

续进行全寿命周期规划；具有最灵活的优化方法；进行健壮性设计，改进过程能力；按事件来安排进度计划；多学科协同工作；充分授权和分权；拥有严密的管理手段；主动标识和管理潜在风险。

4. 并行工程与空管维修系统工程

空管维修系统工程管理的基本目标是通过应用先进的思想理论、技术方法和工具手段，从系统整体的角度来解决空管维修系统中的矛盾和问题，使空管维修活动效率更高、效益更好、效能更佳。并行工程作为一种先进的管理模式和管理思想，从技术和管理两个方面都提供了可供借鉴的东西，为空管维修系统工程活动创造了良好的平台。

并行工程对空管维修系统工程以及维修活动的影响和作用主要体现在以下4个方面：① 并行工程以使用需求为牵引，始终从使用的角度出发，能赋予空管维修良好的维修品质和维修环境；② 并行工程能为推行空管装备全系统全寿命周期维修管理提供基础理论和支撑技术；③ 并行工程能为空管维修系统工程管理构建合作协同的工作环境；④ 并行工程能为空管维修过程活动的开展提供一种有效的组织管理模式，即综合产品小组。

6.6 科学维修信息管理

FAA 和 EUROCONTROL（欧控）的空管装备运维部门的人员与设备比一般在 1：5 ~ 1：8，而我国空管装备保障人员与设备比接近 2：1，整体效率不及欧美国家的 1/10。我国通导行业人员效率远低于欧美发达国家的一个重要原因就是在空管科学维修方面的信息管理技术应用不够。目前，我国民航机场或空管系统部分单位的通导部门已经上线了电子值班、设备资源管理、集中监控等信息管理系统，但是很多中小机场的通导部门还没有实现基本的办公信息化，现有空管装备信息化管理系统也存在集成度不高、人机交互不够好、各单位系统差异大且数据相互独立、网络安全风险等问题。因此，引入云计算、大数据、数字孪生、人工智能等信息领域新技术，开展信息技术在空管装备全寿命周期运维管理中的应用研究非常重要。

6.6.1 空管装备全寿命周期管理系统

1. 全寿命周期管理软件系统架构

全寿命周期管理软件系统架构如图 6-12 所示，整个系统由智慧云计算平台、开发端、管理端和机场远端组成。其中，云计算平台是整个系统的大脑，负责计算、存储、搜索、系统管理等功能；开发端仅向系统开发团队和授权科研单位开放，用于满足数据提取分析、后期开发与运维等需要；管理端向民航监管局和机场集团等监管方开放，用于监督和监管空管分局、空管站、地方机场的装备运维管理；机场远端为客户操作端（使用对象为空管分局、空管站和地方机场的通导部门），是整个系统的核心，包括电子值班、资源管理、运维及故障记录等模块。为方便通导人员使用该系统，需专门设计 PC、平板和手机三个客户端入口。全寿命周期管理系统是一个集合民航监管单位、空管单位/中小机场、研发团队及科研单位，具备办公信息化功能、可支撑民航智慧监管需要的分布式空管装备全寿命周期管理平台。

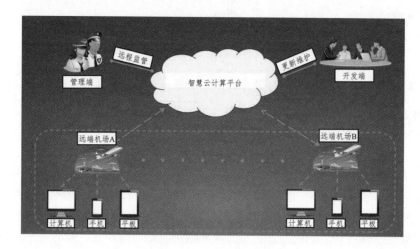

图 6-12　全寿命周期管理软件系统架构

2. 全寿命周期管理软件系统详细设计

如图 6-13 所示，全寿命周期管理软件系统包括电子值班、运维记录、资源管理、统计分析、人员管理等模块。电子值班模块主要完成电子排班、工作提醒、交接班记录等功能；运维记录模块主要完成装备履历记录、巡查记录、设备维护记录、故障报告、事故及差错登记等功能；资源管理模块主要完成维修备件、仪表和耗材管理等功能；统计分析模块主要完成各类维修、故障、巡检等数据的统计分析功能；人员管理模块主要完成维修人员个人履历、执照、技术等级、培训情况等管理功能。

3. 全寿命周期管理系统建设的意义

（1）全面实现信息化办公。目前，还有大量的中小机场通导部门没有实现信息化办公，装备运维信息都是用纸质材料手写记录的，这显示不符合智慧民航、智慧机场和智慧空管发展的最基本要求。全寿命周期管理系统能帮助通导部门将几乎所有的纸质工作记录搬移到信息系统上，方便记录、查阅、统计，且不易丢失，此举将大幅提升办公效率，同时也是响应国家和民航减少碳排放、发展低碳经济政策的需要。

（2）支撑民航智慧监管。全寿命周期管理系统能实现民航空管装备、人员和资源的信息化管理，以及通导部门工作的全过程记录，局方监管人员不再需要翻阅大量的纸质记录材料，可直接在计算机调阅相关记录、数据和统计结果，监管效率将会大大提升，不仅利于开展智慧监管，更能做到远程监管。

（3）故障预测及 RCM 维修。将全寿命周期管理系统长时间记录的装备运行、维护、故障等数据用于大数据分析和数据挖掘，可实现装备故障预测功能，还能进一步优化装备的预防性维修方案，更好地开展装备 RCM 维修工作。

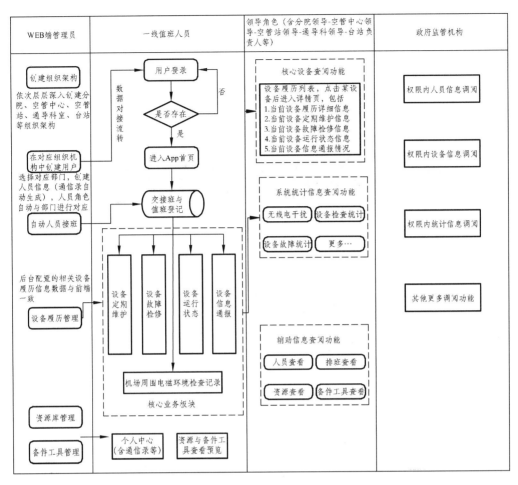

图 6-13　空管装备全寿命周期管理软件系统泳道图

（4）可靠性评估及装备延寿。当前，民航空管装备普遍采取的是 15 年即定时更新的策略，此策略有两大缺陷：① 装备使用未满 15 年，但故障率特别高，更新无依据；② 装备使用年限已满 15 年，但故障率特别低、可靠性特别好，还是得更新。利用全寿命周期管理系统长时间记录的装备运行、维护、故障等大数据开展装备可靠性评估及装备延寿使用分析：对于第一种情况，装备使用虽然未满 15 年，但可靠性特别低，可提前更新；对于第二种情况，装备使用虽已到年限，但是可靠性特别好，可以做延寿使用。其实，绝大部分是第二种情况，因为现代维修理论告诉我们复杂系统全寿命周期故障率是递减的。因此，通过可靠性评估和装备延寿使用可使整个空管体系的可靠性更好、成本支出更低、经济效益更佳。

6.6.2　空管装备集中监控系统

针对通信、导航、监视、气象等空管装备台站分散、管理困难、运维效率低下等问题，我国正在大力发展民航空管装备的集中监控系统，目前绝大部分机场拥有导航设备

的集中监控系统，枢纽机场几乎都建设了集成通信、导航、监视、气象等空管装备的完整集中监控体系。

集中监控系统能够采集空管装备的运行数据，还具备市电、UPS、蓄电池电压、空调监控、温湿度、烟雾告警、红外人体入侵、高清视频等环境采集数据能力，以及至少 1个月的录像存储等功能。

1. 空管装备集中监控系统方案

空管装备集中监控系统如图 6-14 所示，整个系统的核心是集中监控的数据采集解析专用设备，主要用于对系统中通信、导航、雷达、气象、动力环境、防雷等设备的数据采集与解码处理。它具有安全性好、可靠性高、通用性强等优点，既能兼顾空管装备的数据采集、解析、远程控制功能，同时又能满足对无人值守台站的动力环境、消防安全、防雷的远程监控需要。

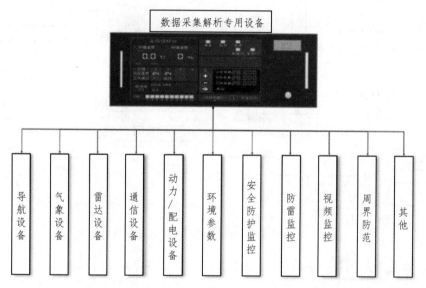

图 6-14　空管装备集中监控系统总体方案

针对下滑台的集中监控具体方案及显示界面如图 6-15 和图 6-16 所示。

2. 集中监控系统建设的意义

（1）综合监控管理，提升运维效率。将空管装备的所有数据在一个系统平台上进行集中监视、控制和管理，有利于及时发现装备异常告警，尽快分析故障信息、定位故障位置，迅速排除影响空管指挥和飞行安全的故障隐患，更能快速综合台站数据开展分析研究、处理和统计归档，使整个空管装备维修系统调度和运转更加高效。

（2）减少人力资源，提升运维效益。建设集中监控系统后，对于较为分散的导航台站，不再需要人员 24 小时值守，只需要定期的常规巡视，此举将大幅减少通导台站值班员工的数量，有利于提升整个空管维修系统的运维效益。

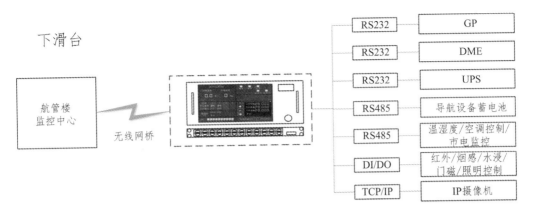

图 6-15　下滑台集中监控的具体方案

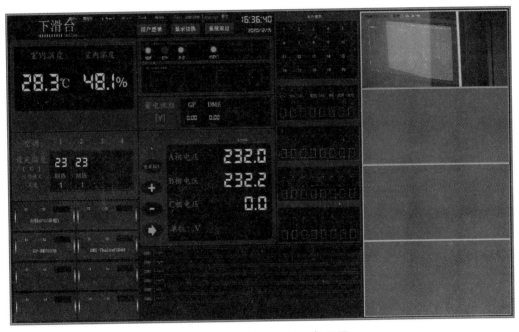

图 6-16　集中监控系统显控界面

6.6.3　空管信息及网络安全

在互联网时代，大量的空管维修、运行、情报、管制等信息数据都储存在计算机数据库中，空管指挥、航空运行、装备互联等都依赖网络技术的支撑，因此空管信息安全和网络安全越来越重要。

1. 信息安全及网络安全的含义

（1）信息安全，包括 5 方面的内容，即需保证信息的保密性、真实性、完整性、未授权拷贝和所寄生系统的安全性。信息安全是指信息系统（包括硬件、软件、数据、人、物理环境及其基础设施）受到保护，不受偶然的或者恶意的原因而遭到破坏、更改、泄

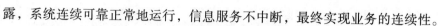

露，系统连续可靠正常地运行，信息服务不中断，最终实现业务的连续性。

（2）网络安全，是指网络系统的硬件、软件及其系统受到保护，网络系统连续可靠正常地运行，网络服务不中断。这里的空管网络指所有支撑空管指挥需要的计算机网络、通信网络、导航数据网络、监视系统网络等。

2. 空管信息及网络安全管理

空管信息及网络安全一种持续的状态，是攻守双方相互博弈、动态变化的过程。空管信息及网络安全问题具有无任何征兆突发、社会影响及经济损失巨大、可能影响飞行安全等特点，因此需要从人员、体制、技术三方面来提升信息及网络安全的管理能力。

（1）人员。空管信息及网络安全不仅影响民航正常运行，甚至部分空管及飞行数据涉及国家安全，因此要提升空管维修人员的信息安全保护意识和底线意识，将信息及网络安全要求主动融入自身工作。

（2）体制。建立完善的信息及网络安全保障体制，如信息权限分级授权、设备冗余保护、安全等级分层管理、信息及网络物理隔绝等，从体制上减少出现信息及网络安全事故的可能性。

（3）技术。不断完善防火墙、入侵检测、身份认证、信息加密等网络安全技术，持续提升整个空管信息及网络系统的安全性。

思考题

1. 简述空管维修科学管理的含义及特点，说明它的基本原则、基本任务、主要职能。
2. 简述空管装备维修计划编制的基本程序。
3. 简述空管装备维修质量波动的原因。
4. 简述系统工程霍尔三维结构对空管维修的指导意义。
5. 分析近年来有哪些热门的电子信息新技术可用于空管维修工程领域。

第**7**章

维修安全与事故预防

现代维修理论认为，装备维修的目的是以最经济的资源消耗来保持、恢复装备的固有可靠性与安全性，其中维修安全性是指避免维修活动时人员伤害或设备损坏的一种设计与制造赋予的固有特性，所以维修安全管理问题是现代维修理论的有机组成部分。随着空管装备技术的不断发展和进步，影响装备维修安全的因素日趋多样化、复杂化，迫切需要不断深入开展装备维修安全管理相关问题的研究。

7.1 维修安全的概念

7.1.1 维修安全的含义

安全是指系统的一种无危险状态，它并不能简单地等同于不会发生事故，这里的事故是指造成人员伤亡、职业病、设备损坏或财产损失的一个或一系列意外事件。因此，安全性即是不发生事故的能力，它是设计与制造赋予装备的一种固有属性，是把对人伤害和对物损坏的风险限制在可以接受水平内的一种状态，它与可靠性密切相关。

维修安全，也就是维修时的安全问题，它比使用时的安全问题更复杂，涉及面更广，即维修安全既包括使用时安全的含义，还包括储存、运输、维护、修理过程中安全的含义。例如，带故障的装备常常会在部分分解状态下做一定运行以便排查故障，应当确保在这种情况下维修人员不会遭到电击、机械损伤、有害气体、辐射等伤害，才能保证他们消除顾虑放心大胆地进行维修工作。因此，研究维修安全问题，既要考虑维修过程中的安全问题，如维修差错、人的可靠性等；也要考虑装备所设计与制造赋予的安全性问题，把维修安全问题从源头上加以解决。

7.1.2 维修安全系统

在电子装备维修过程中，导致发生危害性事故的因素很多，如人的错误判断、违章操作、错误指挥、设备缺陷、安全保护装置失效、作业失误、作业环境缺陷等，这些因素都可能导致危害性事故的发生。而所有这些因素又涉及设计、施工、操作、维修、储存、运输等诸多方面，因此维修安全是与维修过程中的许多环节及条件因素相互联系、相互制约的，如果不考虑这些因素之间的相互作用关系，只是孤立地从个别环节或在某一局部范围内分析与研究维修安全问题，是难以奏效的。

维修安全工作实践表明，维修安全问题虽然只发生在维修现场，但事故原因却表现在多方面。所以必须从系统总体出发，全面观察、系统分析、综合解决，维修安全才有保障，维修安全目标才有可能实现。从系统的角度来看，装备维修安全系统是人、机、环境、信息、管理等因素构成的复杂系统，装备维修安全需要多因素的协调与组织才能实现。因此装备维修安全所研究的两个系统对象是维修安全事故系统（见图 7-1）和维修安全系统（见图 7-2）。

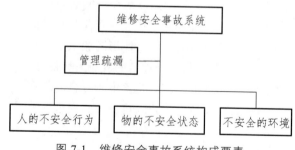

图 7-1 维修安全事故系统构成要素

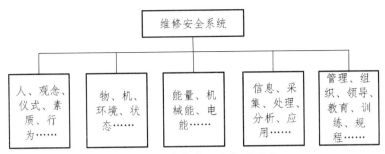

图 7-2　维修安全系统构成要素

就安全系统的动态特性而言，安全系统是人、社会、环境、技术、经济等因素构成的大系统，无论从局部还是整体来看，安全的目标都需要多因素的有效协调与组织才能实现。因此，对于装备维修安全而言，不仅要研究维修安全事故系统，更重要的是要研究维修安全系统。只有对装备维修安全系统构成要素的准确分析，改变被动、滞后的传统维修安全管理模式，实施主动的、超前的维修安全管理新模式，才能不断提高维修安全管理的有效性。

7.1.3　维修安全系统工程

当前，很多空管装备都是由数以万计的元器件组成的复杂系统，元器件之间以非常复杂的关系关联在一起，复杂系统中微小的差错就可能导致灾难性的安全事故。因此，大规模复杂系统的安全性问题日益受到人们的重视，于是出现了以安全系统工程为代表的系统安全理论，它也是维修安全分析与管理的基础理论。

安全系统工程是应用科学技术知识和系统工程的理论、方法去鉴别、预测、消除或控制系统所存在的不安全因素和可能发生的事故或有危害的各种可能现象，使系统发生事故的概率减少到最低限度并达到最佳的安全状态。

安全系统工程与传统安全管理的区别在于，安全系统工程可以预测发生事故的可能性，掌握事故发生的规律，做出定性与定量的评价，能向相关人员预先告警事故的危险性并建议相应的安全措施。而传统的安全管理是凭经验和直觉去了解与处理生产和维修过程中存在的危险与隐患，定量的概念少，缺乏系统的安全整体观，只是片断、零碎、局部地去解决安全问题，无法成系统、成体系、从全方位地来解决安全问题。

安全系统工程是从传统安全管理的基础上发展起来的，能够弥补传统安全管理中所发现的缺陷问题，它采用系统工程的原理和方法来全面地进行安全管理，使孤立的、被动的传统安全管理思维得到更新，也使安全工作从一门技艺转化为一门科学的工程技术，并以最少的资源消耗取得最佳的安全效果和有效减少事故发生概率为目标。

7.2　维修安全理论

7.2.1　危险性分析

危险性是指能够导致人员伤亡、设备或资源损失的一种现实的或潜在的状态，危险性如果不能加以控制，就会发展成为事故。危险性分析是根据危险严重性和危险可能性两方面进行开展的。

危险严重性是对某种危险可能所引起事故的严重程度的估计，危险严重性等级给出了危险严重程度定性的度量，见表 7-1。

表 7-1　危险严重性等级

等级	事故说明
Ⅰ（灾难的）	人员伤亡或系统报废
Ⅱ（严重的）	人员严重受伤、严重职业病或系统严重损坏
Ⅲ（轻度的）	人员轻度受伤、轻度职业病或系统轻度损坏
Ⅳ（轻微的）	轻于Ⅲ级的损伤

危险可能性是指产生某一种危险的事件发生的可能性，危险可能性等级给出了发生危险的可能程度的定性度量，见表 7-2。

表 7-2　危险可能性等级

等级	个体	总体
A（频繁）	频繁发生	连续发生
B（很可能）	在寿命期内会出现若干次	经常发生
C（有时）	在寿命期内可能有时发生	发生若干次
D（极少）	在寿命期内不易发生，但有可能	不易发生但有理由预期可能发生
E（不可能）	很不容易发生以至于可以认为不会发生	不易发生，但有可能发生

危险性分析的基本目标是要确定潜在的危险，划分危险级别，并采取针对性措施，消除或尽量减少所确定的潜在危险性，防止这些危险性发展成为事故。危险性分析可用于确定装备使用过程中人员、维修程序和机器设备的安全要求，如安装、操作、试验、维修、保障、运输、储存、训练等，并可用于鉴别装备的安全性要求。

7.2.2　事故归因理论

事故归因理论是人们认识事故整个过程以及进行事故预防工作的重要理论依据，是描述从大量典型事故中概括出来的事故发生原因的理论。这种理论对事故原因的阐述是从表面到深层次、从现象到本质的进一步分析，从而能找出事故发生的共同的、更为普遍的规律，指导研究和探讨事故原因，改进安全管理，预防事故发生，提供更科学、更扎实、更完善的事故分析理论依据。

人们在与各种事故斗争的实践中不断总结经验，探索事故发生的规律，已提出了多种不同的事故归因理论，用于解释事故为什么会发生、怎样发生以及如何采取措施进行处理等问题。目前，事故归因理论已从超自然归因、单一归因、人物合一归因发展到系统归因理论（见图 7-3）。

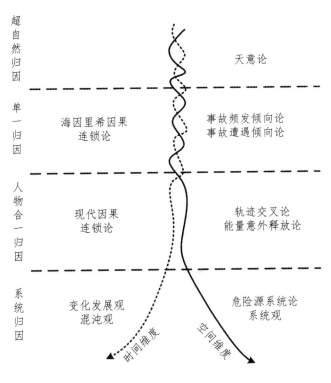

超自然归因

单一归因

人物合一归因

系统归因

天意论

海因里希因果
连锁论

事故频发倾向论
事故遭遇倾向论

现代因果
连锁论

轨迹交叉论
能量意外释放论

变化发展观
混沌观

危险源系统论
系统观

时间维度

空间维度

图 7-3   事故归因理论的基本结构

超自然归因理论是对事故原因的不可知论，即天意论。在科技相对落后的时代，由于人们对自然界缺乏认识，往往把事故和灾害发生看作是人类无法违抗的天意或命中注定，而只能祈求神灵保佑。

单一归因理论是从大量事故中归纳总结出导致引发安全事故的关键因素，主要代表是海因里希因果连锁论，包括事故频发倾向论和事故遭遇倾向论。事故频发倾向论，是指个别容易发生事故的稳定个人的内在倾向，这是一种以人为主的事故归因思想，认为个别人具有事故频发倾向，它们的存在是工业事故频发的主要原因。事故遭遇倾向论，是指某些人员在某些生产作业条件下容易发生事故的倾向，这是一种以物为主的事故归因思想，认为事故的发生不仅与个人因素有关，而且与生产条件有关。

人物合一归因理论的代表是现代因果连锁论，它认为事故是人的不安全行为和物的不安全状态的轨迹交叉导致的能量意外释放，即生产过程、人、机、环境共同作用导致了生产事故的发生。

系统归因理论，是从系统工程和系统安全的角度来认识事故发生原因和发展过程，并开展事故预防工作的科学理论。随着各种大规模复杂系统的相继问世，人们在研制、开发、使用及维护这些大规模复杂系统的过程中，逐渐萌发了系统归因理论的基本思想，即认为危险源的存在是事故发生的根本原因，防止事故发生就是消除或控制系统中的危险源。根据危险源在事故发生、发展中的作用，通常把危险源划分为第一类危险源和第二类危险源两大类。第一类危险源，主要是产生能量的能量源或拥有能量的能量载体，如带电的导体、行驶中的车辆、压力容器，以及各种易燃、易爆、有毒、有害物质等；第二类危险源，主要指使能量或危险物质的约束、限制措施失效或被破坏的因素，包括人、物、环境三方面的问题。两类危险源共同决定危险源的危险性。系统归因理论的事故因果连锁模型如图 7-4 所示。

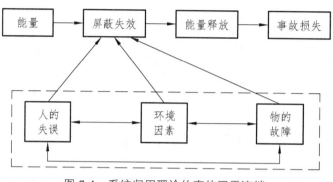

图 7-4　系统归因理论的事故因果连锁

7.2.3　海因里希法则

美国安全工程师海因里希（H. W. Heinrich）在 1941 年统计了 55 万件机械事故，其中死亡或重伤事故 1666 件，轻伤事故 48334 件，其余则为无伤害事故，由此得出了一个重要理论，即在机械事故中死亡或重伤、轻伤和无伤害事故的比例为 1：29：300，国际上把这一法则称为事故法则，也叫海因里希法则。

海因里希法则共包括 10 项基本内容，这一法则经过 80 余年的实践和检验，得到了安全界的广泛认同，至今仍然行之有效，对维修安全同样也起着重要的指导作用。其关键的内容有：伤害事件总是各种因素的完整链路，事故是人的行为或物理危险所造成的结果；人的不安全行为是事故的主因，所致事故约占全部事故的 90%；发生 1 起死亡或重伤事故，就会发生类似的 29 起轻伤事故和 300 起无伤害事故。海因里希法则的内容大部分符合航空安全的实际，并对飞行事故的预防具有指导作用。例如，美国空军的等级事故与飞行事故征候之比为 1：27，接近海因里希所提出的 1：29。

海因里希法则告诉我们：① 小的差错多了，就会酿成大的差错，要减少严重事故，必须深入研究事故征候，只有事故征候减少了，严重事故才会减少；② 虽然安全事故的发生有其偶然性和突发性，但安全事故的主因是系统内部出现了安全隐患，只要人们努力研究和深入探索事故隐患，就可以有效避免严重事故的发生。所以，在进行维修安全评估和分析时，要重视对人为差错和事故征候的研究，从中寻找规律，切实做好装备维修安全的评估工作。

7.2.4　事故综合原因理论

事故综合原因理论，简称综合论，是综合所有可能因素来论述事故原因的现代理论，如图 7-5 所示。该理论认为，事故发生绝不是偶然的，而是有其深刻背景原因的，这些原因包括生产中危险因素的直接原因、管理因素的间接原因和社会因素的基础原因，当生产中的危险因素加上触发因素就会导致事故的发生。

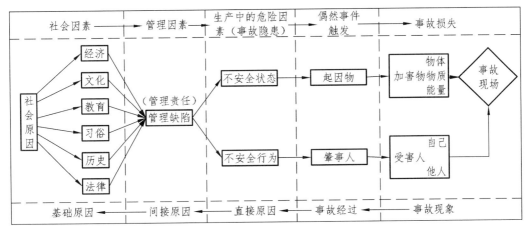

图 7-5　事故综合原因理论模型

　　事故的直接原因是不安全状态（物和环境的原因）和不安全行为（人的原因），这些物质的、环境的和人的原因构成了生产中的危险因素（或称为事故隐患）；导致事故直接原因的事故间接原因是管理缺陷、管理因素和管理责任；导致事故间接原因的事故基础原因是社会因素（包括经济、文化、教育、习惯、历史和法律等）。

　　简言之，事故的发生过程由"社会因素"产生"管理因素"，再由"管理因素"产生"生产中的危险因素"，最后通过"偶然事件"触发而形成。所谓偶然事件触发，是指由于起因物和肇事人的共同作用，造成一定类型事故和伤害的过程。

　　很显然，该理论全面综合地考虑了所有发生事故的现象和导致事故的因素，所以能够比较准确地反映事故发生的真实规律和原因，它是当今最为流行的事故原因分析理论。

　　安全和事故是交织统一的一对矛盾，当系统的某些因素存在缺陷、比例失调、功能丧失、运行失当时就可能发生故障或事故。因此，研究空管维修安全应采用事故综合原因理论，在探索空管装备维修特征规律的基础上，建立一套维修安全评估的方法、程序和步骤，使评估工作科学、合理、高效，以便于对系统的各个因素和子系统进行检查和分析，从而找出不安全因素或事故隐患、确定其安全后果，并采取相应的应对措施。

7.3　维修差错分析

7.3.1　维修差错概述

1. 人为差错和维修差错

　　人为差错是指人未发挥自己本身所具备的功能而产生的失误，这种失误有可能影响整个系统功能的实现。维修是一种有严格技术条件约束的复杂活动，因此在维修操作过程中不可能完全避免错、忘、漏、损、丢等人为差错的发生。

维修差错是指在维修活动中所发生的偏差和错误，这些偏差和错误使维修工作不能达到预定的维修目的，并伴随有秩序或状态异常、设备损坏或人员伤亡等意外后果。简言之，维修差错是由于维修人员受到各种外在的或内在的因素影响而导致的错误行为，所以它是人为差错的一种。

2. 维修差错模型

由前述定义可知，维修差错也是人为差错的一种，它与人的因素密切相关。人的因素（即人因科学）的研究始于20世纪50年代，经过70余年的发展，其研究成果在维修安全领域得到了广泛应用，它对差错的认识主要有以下3种。

（1）SHEL模型。

SHEL模型的概念是在1972年由爱德华兹（E. Edwards）教授首先提出来的，并在1975年由霍金斯（F. Hawkins）发展完善，如图7-6所示。SHEL模型认为，差错容易发生在以人（L）为中心的与软件（S）、硬件（H）、环境（E）、其他人（L）及其交互作用的界面上。S、H、E、L之间的相互关系与作用就会形成某些结果而表现出来。例如，人与软件，软件使用指南错误、维修程序不清或混乱，往往就会引起维修差错；人与硬件，维修时维修人员有良好的工作姿势，维修部位看得见、够得着，维修工具合适，设备拆装简便，就不容易发生维修差错，维修工作质量和维修工作效率就高；人与环境，维修场所的照明、温度、噪声、空间等对维修差错的发生都有很大的影响；人与其他人，维修班组管理混乱，职责与分工不清晰，遇事相互推诿，不能做到相互提醒，那么出现维修差错的可能性就会增大。

图7-6　SHEL模型

（2）Reason模型。

Reason模型，又名"瑞士奶酪"模型，是英国曼彻斯特大学教授James Reason于1990年在其著名的心理学专著 *Human Error* 中提出的。该模型认为，事故发生与组织因素、不安全监督、不安全行为前兆、不安全操作行为四个层面的因素有关，每个层面代表一重防御体系，层面上所存在的空洞代表防御体系中存在的漏洞。这些漏洞的位置、大小不是固定不变的，不安全因素就像一个不间断的光源，每个层面上的漏洞同时处于一条直线上时，危险就会像光源一样瞬间穿过所有漏洞，导致事故发生（见图7-7）。

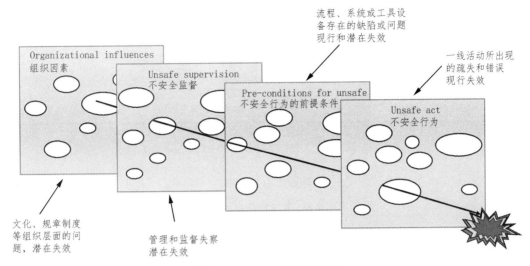

图 7-7　Reason 模型示意图

Reason 模型将四层防御体系分为潜在失效和现行失效两大类，前三层为潜在失效，最后一层为现行失效。现行失效是指与事故的发生有直接联系的不安全行为；潜在失效如同隐藏在组织体系中的潜在危险因素，其不作为直接导致事故发生的原因存在，直到事故发生后才会被发现。潜在失效可以跨过瑞士奶酪模型的前三个层面，与现行失效共同作用，最终导致事故的发生。

Reason 模型给我们两点启示：① 对待维修差错不仅要关注直接导致事故的不安全操作行为，也要关注隐藏在前三层的潜在失效问题；② 对现存危险和潜在失效的安全防御要层层设防，才能有效地避免维修安全事故的发生。

（3）事故链理论。

事故链理论认为，维修差错的发生通常不是孤立事件的结果，而是多种事件缺陷凑到一起的不幸后果。维修差错发生必须同时具备 3 个基本条件：① 系统结构上存在着出现差错的可能性；② 人出了问题；③ 管理上存在漏洞。在这 3 个条件中人是最基本的因素，因为设备是相对固定的，结构上若存在产生差错的可能性，维修差错的发生最终取决于人是否出差错，而且管理也是由人来实施的。维修差错的产生并导致危及安全的后果，是由于一系列基本事件一环扣一环交错构成的事故链最终导致的事故性后果（见图 7-8）。因此，维修差错也存在着易管理性，只要将事故链上的某一环节切断，即可控制维修差错的发生。

3. 维修差错的类型

维修差错从行为特点来分，主要有以下 3 种类型：

（1）生理需求型。一是生理状态疲劳易造成过失性差错，如维修人员处于疲劳状态，会导致感觉错误、注意力分散、动作紊乱，判断错误和动作失误，特别容易出现丢、错、漏、忘等过失性差错；二是维修人员的基本需要未得到满足，如维修人员的家庭经济困难，亲属长期患病，结婚没房子住，婚恋出了问题等，就会出现心理障碍，进而影响其对装备与环境感受的准确性，造成分析判断、操作反应失误。

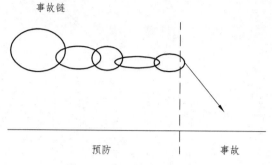

图 7-8　事故链与事故预防

（2）技能缺乏型。装备维修要求相关人员具备较强的工程实践能力、组织指挥和管理能力。当维修人员缺乏相应能力时，就容易引起技术性差错，这种技术性差错大多发生经验和能力不足的年轻工程师身上。

（3）违章操作型。空管维修是一项复杂的系统工程活动，必须严格按照一定的程序和规章制度来实施。维修人员典型的违章操作案例有：敬谓规章意识淡薄，以自我经验代替规章要求，在操作中违章蛮干；怕麻烦，图省事，颠倒操作顺序；准备工作不充分，该做的工作不做；检查制度不落实，质量把关不严等。

7.3.2　墨菲定律

"如果任何事情能够发生差错，那么这种差错总是会发生的。"这是 1949 年由墨菲首次提出的著名的墨菲定律（Murphy's law）。墨菲定律告诉我们，人们做某一件事情，如果存在若发生差错的可能性，那么差错迟早总会发生。墨菲定律在所有涉及安全的相关领域经历了 70 余年的实践，得到了很大的发展，对保证各行业的安全做出了巨大贡献，当然它对消除维修差错也具有现实指导意义。墨菲定律指出，人们做某一件事情，如果存在着发生差错的可能性，那么这种差错事件迟早总要发生，要想防止差错事件的发生，必须消除差错发生的可能性。

墨菲定律很容易通过概率数理统计知识进行证明。例如，某装备的机件发生维修差错的事件记作 A，不发生差错的事件记作 $\overline{A}$；在一次试验中发生差错的概率为 p，即 $P(A)=p$，$0<p<1$；那么在一次试验中不发生差错的概率就是 $P(\overline{A})=1-p=q$；把这个试验独立地重复进行 n 次，恰好就是 n 重伯努利试验。在 n 重伯努利试验中事件 A 恰好发生 k 次差错的概率为

$$P_k(n,p)=C_n^k p^k q^{n-k}(k=1,2,\cdots,n) \tag{7-1}$$

而一次差错也不发生的概率为

$$P_0(n,p)=q^n \tag{7-2}$$

由于 $0<q<1$，则

$$\lim_{n \to \infty} P_0(n, p) = \lim_{n \to \infty} q^n = 0$$

即当试验次数 n 趋向无穷大时，事件 A 一次差错也不发生的概率趋于零，也就是说还是大于 0 的，即一次差错也不发生的事件是不存在的。

而在 n 重独立试验中至少发生一次差错的概率为

$$\lim_{n \to \infty} \sum_{k=1}^{n} P_k(n, p) = 1 - P_0(n, p) = 1 - q^n \qquad (7\text{-}3)$$

令 $n \to \infty$，则

$$\lim_{n \to \infty} \sum_{k=1}^{n} P_k(n, p) = \lim(1 - q^n) = 1 \qquad (7\text{-}4)$$

即在 n 重复独立试验中，试验次数 n 趋向无穷时，事件 A 至少发生一次差错的概率趋于 1，也就是说至少发生一次差错事件是肯定的。当 $p>0$，不管 p 值多么小，式（7-4）总是成立的，这就是墨菲定律的概率学论证。

7.3.3 人的可靠性

1. 人的认知可靠性模型

1983 年，Rasmussen 根据人的行为类别之间的差异，提出了三种行为类型的划分，即技能型、规则型和知识型，具体分类说明见表 7-3。

表 7-3 人的行为分类

技能型行为	这种行为是指与信息输入的反应之间存在着非常密切的耦合关系，它不完全依赖给定任务的复杂性，而只依赖人员培训水平和完成该任务的经验，这种行为的重要特点是它不需要人对显示信息给予反应操作
规则型行为	这种行为是由一组规则或程序所控制和支配的，它与技能型行为的主要不同点是来自对实践的了解或者掌握的程度，如果规则没有很好地经过实践检验，那么人们就不得不对每项规则进行重复和校对，在这种情况下人的反应就可能由于时间短、认知过程慢、对规则理解不够等原因而产生失误
知识型行为	这种行为是发生在当前情景症状不清楚、目标状态出现矛盾或者完全未遭遇过的新鲜情景环境下，知识型行为操作人员必须依靠自己的知识经验进行分析诊断和制定决策，因此知识型行为的失误概率很大，在当今的人为差错因素研究中占据主导地位

与人的行为类别相对应的是人员行为的三种认知水平，如图 7-9 所示。技能型水平的认知是由事先储存的程序化指令来控制的，就是行为的图式控制模式。规则型水平的认知发生在相似或熟悉的情景条件下，人的行为所依据的是头脑中事先存入的规则。如果操作人员对情景做出了错误的分析和判断，就会导致使用错误的规则，从而发生规则型的认知失误。知识型水平的认知是在不熟悉的环境条件下产生的，它要求操作人员自觉

地运用有关系统的物理和功能特性方面的知识对情景进行分析和推理，这个水平上的错误原因可能是资源的限制，也可能是使用了不适当的、但是曾经奏效的图式。当维修人员面临特殊的或紧急的状态而又没有事先准备好的明确规程时，就会激发维修人员产生知识型水平行为，它更依赖于操作人员自身应付紧急状态的能力。

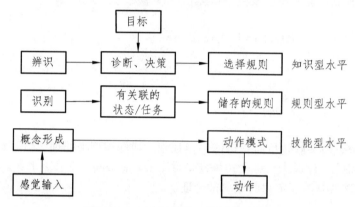

图 7-9 人员行为的三种认知水平

上述三种人员认知水平与注意和图式控制模式之间有着较为密切的对应关系。技能型和知识型认知水平在图式与注意模式的运用中较容易辨识；而规则型认知水平则有一定的隐含性，它可能涉及自觉地运用知识，或在紧急状态下调动记忆中的规程，或不自觉地应用图式的经验法则。认知过程是一个复杂的心理过程，人往往力图弄清含糊不清数据的意义，一旦领会数据的意义后，就会形成一种思想去强烈地抗拒新的情景变化；这种"确认偏见"的认知规则认为，人一旦接受了一种观点后，就会在此观点的支持下描绘一幅符合该观点的图像；"确认偏见"的认知规则带有明显的"赋意后行为"的认知倾向，在维修工作的人为差错实例研究中会经常见到。

2. 维修人员行为类型

根据前述人的行为分类，维修人员的行为可对应地分为三种类型。

（1）技能型：所出现的故障现象，特点明确、处置方法确定，经过各类岗前培训已经熟练掌握了解决此类问题的方法；当故障或某种非正常状态出现时，维修人员不需要对信号和现象进行有意识的解释，能够迅速判明情况，并熟练而准确地进行处置；在信号和行为之间已形成某种耦合关系，有时是下意识的行为。技能型行为与故障和非正常现象的复杂程度没有直接关系，而是直接取决于维修人员的训练水平和维修经验，因此它的处置成功概率最高。

（2）规则型：所出现的故障现象，特点明确、处置方法确定，但维修人员的维修经验不够，判断和处置过程中不得不有意识地回忆处置程序。规则型行为与技能型的主要区别在于实践的程度，如果对故障现象和非正常状态的各种特征认识上有偏差或处置程序记忆错误，就可能发生规则型误差。

（3）知识型：所遇到的故障现象特点不明确、不典型，需要维修人员补充信息，综合分析以判明情况；维修人员对所遭遇的非正常状态不熟悉、不了解；维修人员未掌握处置此类问题的方法。知识型行为需要维修人员调动所学的知识，通过经验判明情况，并做出相应的分析、判断和决策，处置效果由人员的知识水平和维修经验决定，一般更容易发生维修人为差错。

3. 维修人员可靠性模型

从行为类型的划分可以看出：

（1）不同的维修人员面临同一非正常现象，所运用的行为类型很可能是不一样的。经验丰富、维修技术较好的维修人员可能采用技能型或规则型来处理；而经验相对较少、维修技术较差的维修人员则可能就要运用规则型或知识型来进行处理。

（2）对于同一维修人员，在不同时期面临同一非正常现象所采用的类型也可能不一样的。在初学维修或经验较少时，可能采用规则型或知识型来处理；但随着维修经验的增加，再遇到同样的情况，就可能只需要运用技能型或规则型来处理了。

依据认知主义的 SOR（Stimulus，Organism，Response）理论模型，维修人员的操作可靠度是感知、判断决策和动作三个阶段可靠度的串联组合，如图 7-10 所示。这样可以得到基于操作行为模式的维修人员操作可靠度公式，即

$$R = R_S R_O R_R = (1 - F_S) \times (1 - F_O) \times (1 - F_R) \tag{7-5}$$

式中　　R_S，R_O，R_R——理论上感知、判断决策和动作可靠度；
　　　　F_S，F_O，F_R——理论上感知、判断决策和动作的失误概率。

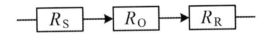

图 7-10　维修人员操作可靠性框图

7.4 维修安全事故预防

装备维修是一项技术含量高、复杂程度大的系统工程活动，且有工作频度高、时间长、强度大等特点，很容易发生安全差错。造成维修安全事故及差错的原因是多方面的，某一个环节出现纰漏或疏忽，均可能发生维修差错。预防装备维修事故及差错的发生是一个系统工程，要从总体上进行全盘考虑，本节将首先介绍事故预防的基本准则，然后从人员素质、维修性设计、环境改善和程序优化 4 个方面来讨论如何预防维修安全事故。

7.4.1 事故预防的基本原则

通过对装备维修差错的分析和研究，不难看出，只有深刻地认识维修差错的偶然性与必然性之间的辩证关系，在管理、制度、程序上下功夫，不断提高人员素质、维修质量，改善工作环境，消除不安全因素，才能从根本上预防和杜绝维修工作中事故及差错的发生。开展事故及差错预防工作要遵循以下 4 条基本准则。

（1）重视安全教育，提高安全意识，做到使其"不忍"。

（2）加强监察、监督检查，做到使其"不敢"。

（3）完善系统设计，做到使其"不能"。

（4）建立防差错机制，做到使其"不会"。

7.4.2 提高人员素质

这里人员指所有与装备维修相关的人员，包括具体维修操作人员和其他各类勤务保障人员。维修人员的个人素质包括业务素质、生理素质、心理素质、作风纪律、安全意识等方面，它们与发生人为差错的概率直接相关。

1. 业务素质

维修人员的业务素质是指维修人员在执行和完成维修保障任务的过程中，保持和恢复装备完好状态的能力，是在长期的维修保障实践中形成的。维修人员的业务技能水平不是一成不变的，随着维修训练和实践的增加、经验的丰富，技能可以不断地提升；但如果长期间断维修训练和学习，技能水平又会由于遗忘、生疏而下降。实际工作中，维修人员缺乏必要的学习和训练，业务技能不过关，不能胜任规定的任务，就会增大人为差错发生的概率。训用脱节、训练内容陈旧、培训人员不能对口使用、维修人员不能合理流动，都是导致装备维修差错的直接原因。此外，所谓的通用型人才虽然掌握了本专业的基本原理，但对具体工作的特殊性掌握不足，在工作初期也具有较高的差错率。因此，维修人员业务素质的提升要依赖于持续不断地、针对性强地学习和训练。

2. 生理素质

与机器相比，人在生理上有三方面与生俱来的不足：① 人具备一定的感觉阈限，不能感受外界的所有信息，甚至不能感知过程或生产环境中的一些事故征兆；② 人的记忆力、注意力、反应力均存在极限，安全可靠性低；③ 人克服不安全情绪和抵抗不安全条件的能力较差。

人生理上的这些不足，在某些特定的条件下往往会直接导致装备维修差错。装备维修工作强度高、安全压力大、工作时间长，对直接承担此项工作的维修人员的生理素质提出了较高的要求。因此，应注意避免以下不良生理因素引发的维修差错：① 身体健康状况不佳；② 疲劳、睡眠不足、饥饿等；③ 动作迟钝，不灵活；④ 工作、休息时间安排不当；⑤ 生理节律处于低潮期等。

3. 心理素质

心理是指人对周围事物的看法和对待这些事物的态度，人的心理活动是在人的实践活动中产生和发展的。人在心理上同样也有一些与生俱来的不足：① 容易省略动作，愿意找捷径，总是企图以最小的能量取得最大的效益，维修工作中常有人有意漏掉正常工序；② 往往按自己的主观意愿判断事物，存侥幸心理，易过度自信；③ 不容易发现自身的缺点，即使察觉到了也往往寻找借口原谅自己；④ 愿意表现自己，工作中常有人因冒险逅能而导致安全问题或事故。

装备维修是一项高风险的工作，维修实践中会面临诸多的压力和新情况、新问题，这就要求维修相关人员具备良好的心理品质，包括敏锐的感知力，正确而果断的判断力，良好的记忆力、注意力，敏捷的思维应变力，适当、协调的操纵能力，高度的情绪稳定性。

4. 作风纪律

装备维修是一项有着严密的组织计划、需要各专业密切协同的活动，一切行动都应符合科学规律，有关维修的各种条例、规章、规程和工艺卡都是长期维修实践的总结与提炼，具有科学性和无可争辩的权威性，所有维修人员都必须严格遵守，否则就可能发生人为差错并引发维修安全事故。因此，要在维修工作人员中大力开展"三个敬畏"的学习讨论活动，以"敬畏生命、敬畏规章、敬畏职责"为内核，切实推进一丝不苟、严肃认真、遵章守纪的工作作风建设。

7.4.3 重视维修性设计

装备产品的维修性设计包括硬件系统的维修性设计和软件系统的不断完善。

1. 硬件的维修性设计

产品维修性设计常见问题有：① 维修操作空间相容性和可达性差，极大地增加了维修难度；② 部件的位置布局不合工效学要求，有时为了排除一个小故障，往往需要拆卸一大堆无故障件，人为地增加了维修工作量，而且容易使人忙中出错；③ 关键部位没有采用防错和容错设计，极易导致人为差错；④ 维修时需要复杂、高级、昂贵、难操作的辅助工具或设备；⑤ 故障难以诊断和隔离等。

因此，在设计产品之初，就应由设计研制方和使用维修方共同开展产品维修性设计，并在后续方案、初样、定型、生产等过程中共同完善。具体需要考虑的维修性包括故障易诊断、易隔离，维修辅导工具及设备简易，关键部件易拆修，维修过程好操作、防差错及容错设计、维修界面友好等内容。

2. 完善并开发软件系统

此处的软件系统包括装备本身的软件和维修辅助软件两方面。一方面，我们要优化完善装备软件的操作规程、技术指南、指令卡片、屏幕菜单等内容；另一方面，我们要开发能够提升维修质量的辅助软件系统。只有持续不断改进、优化、完善与维修相关的软件系统，才能有效减少维修安全事故的发生。

7.4.4 改善环境条件

维修环境是指维修活动周围的情况和条件，包括保障环境、自然环境和管理环境等。

1. 保障环境

保障环境是指直接或间接作用于维修活动过程中的各种保障条件，包括技术保障和

后勤保障。① 技术保障，即维修活动服务的通信、导航、气象、医疗、安防等外场勤务保障。② 后勤保障，即为维修活动服务的场所、物资、油料、器材、经费、运输等保障。后勤保障的基本功能就是提供必要的物资、技术条件，它是保证维修活动正常进行、提高装备维修安全性必不可少的重要环节。

2. 自然环境

自然环境是指在维修活动中有关的各种自然气候和空间条件，包括温湿度、振动、噪声、光照度和空气污染等。人为差错同人的内在因素有关，据研究表明，当自然环境适宜时，人的内在因素处于最佳状态，耳聪目明、思维敏捷、精力充沛，人为差错出现的概率就小。当处于不适宜的自然环境时，人的内在因素就会处于不佳状态，这时人的头脑迟钝、精神疲劳、心烦意乱，工作丢三落四，人为差错出现的概率就大。

3. 管理环境

管理环境是指装备维修单位内部管理及激励机制、各部门及各专业的协调组织等管理条件，它是更为广泛意义的人的因素。管理环境是涉及装备维修安全的重要内容，它与行政体制、激励机制、管理效率、管理模式等因素相关。

7.4.5　优化维修程序

维修程序是为达到维修目标而规定的进行装备维修活动的过程或途径，它是维修人员开展维修工作的直接依据。如果维修程序不合理，那么就可能直接导致维修安全事故，因此在制订维修程序时应特别注意以下几点。

（1）使技术人员做出决策的次数尽量少。

（2）在不失其有效性的前提下，使维修过程尽可能地短。

（3）遵守循序渐进的原则。

（4）避免维修人员的操作接近脆弱零件或危险条件（如高压高温）。

（5）确保维修程序中清楚地说明了如何启动和关闭设备。

（6）开发结果明确的、系统性的故障排除程序。

（7）使维修程序尽可能地简单。

（8）减少做出决策时可供选择的方案数。

（9）完善图表、手册、工卡等维修辅助手段。

7.5　维修安全管理系统

下面介绍三种与航空维修相关的安全管理系统，它们对提升航空维修安全有很大的帮助，当然对空管维修安全系统的建设与开发也有指导意义。

7.5.1　航空安全报告系统

美国航空安全报告系统（Aviation Safety Reporting System，ASRS）是基于 FAA 和

NASA 之间的协定于 1975 年创立的。美国航空安全报告系统鼓励飞行、管制、情报、签派、机务和空乘等所有与航空活动有直接关系的人员，将一些已经发生过的、但不为人所知的、自己亲历的、对航空安全造成影响的不安全事件报告给该系统，该系统不但不追究报告者的责任，而且还负责为报告者保密。ASRS 将收集的材料进行归类、分析、研究后，再将一些有典型意义的事件材料和归纳总结出的结论反馈给各有关单位，或政府部门，或制造厂家，或航空公司，或维修工程公司，请它们充分利用这些资料和结论，改进相关的工作，以利于更好地保证航空安全。

ASRS 运行近 50 年的实践表明，该系统卓有成效，已被世界上绝大多数航空公司所接受和应用，成为保证航空安全必不可少的方法之一。该系统当然也同样适用于维修差错的管理，它对于降低维修差错发生的概率具有积极而重要的意义。

7.5.2 故障报告、分析与纠正措施系统

故障报告、分析与纠正措施系统（Failure Report，Analysis and Corrective Action System，FRACAS），是一个装备质量问题报告闭环控制与分析系统，其目的是及时报告装备设计、使用和保障过程中的各种质量问题，分析问题的原因，制订与实施有效的纠正措施，防止问题再现，以持续提高装备质量。典型的故障报告、分析与纠正措施系统工作流程见表 7-4。

表 7-4 故障报告、分析与纠正措施系统工作流程图

事件	工作人员	功能
故障或正常	使用者 维修人员	1. 识别问题，请求维修，解释事件发生； 2. 纠正问题，记录故障； 3. 检查纠正结果
故障报告	维修人员 质量人员	1. 产生带有保障数据（时间、地点、设备等）的故障报告； 2. 保证故障装备完整性，包括保持故障装备的状态和参数设置，以便进行检查控制
记录数据	可靠性与维修人员	记录所有的故障报告，核实故障数及表格记录，对故障进行分类（固有的、从属的、虚警）。
故障评审	可靠性与维修人员 设计人员	1. 确定故障趋势（如相同或类似零件的几种故障）； 2. 对工作程序中的错误进行评审
故障分析	可靠性与维修人员 故障处理人员 质量人员	1. 决定哪种零件、元器件将进行破坏性分析； 2. 进行故障分析以确定故障原因（例如元器件、零件本身的或外部的）； 3. 检查零件的入厂检验数据

续表

事件	工作人员	功能
故障纠正	设计人员 供应商	1. 如有必要重新设计； 2. 新的零件或新的试验程序
试验后 数据评审	质量人员 可靠性与维修人员	1. 评价入厂检验程序，检查重新设计； 2. 通过收集和评价试验后数据而形成闭环控制

故障报告、分析与纠正措施系统是一个闭环系统，该系统不断循环运行，其关键是纠正措施的有效实施，以保障装备的可靠性不断得到增长。维修安全信息数据收集、分析与纠正措施系统的运行情况与之类似，其重点应立足于在装备使用和维修过程中发现故障、纠正故障，以实现对维修安全的全系统全寿命的系统管理。因此，故障报告、分析与纠正措施系统不失为一种维修安全系统控制的有效工具和管理途径。

7.5.3 维修差错判断辅助分析系统

波音公司受 FAA 的委托，为确立人为差错的分析方法及其数据库，制定了维修差错判断辅助分析方法（Maintenance Error Decision Aid，MEDA），并进一步开发了维修差错判断辅助分析软件系统。该系统通过建立维修差错的标准化调查及趋势分析方法，明确维修过程中人为差错所暴露出来的实际问题，加强设计人员与维修人员之间的交流与沟通，来达到既能查明引起维修差错的原因又能防止将来同类维修差错再次发生的目的。

维修差错判断辅助分析方法是维修差错系统分析与管理控制的有效工具。该方法的基础是将注意力集中在造成差错的因素而非致错的维修人员身上，承认维修人员有良好的意图；从事故链的角度出发，认识到一个维修差错发生的影响因素是多方面的，只要找出影响维修差错的各种因素，消除产生差错系列因素中的一个或几个环节，如改变维修工作程序、修正维修工作方式、提高维修工具性能，维修差错就能避免。

维修差错判断辅助分析方法是一种结构化分析方法，一般分为现场因素分析和组织因素分析两个阶段。第一阶段，维修差错判断辅助分析方法将建立现场差错维修调查标准程序和技术方法，收集维修差错相关的数据资料，调查分析维修差错原因，研究确定对策措施；第二阶段，将现场分析得到的维修差错数据收录进维修差错判断辅助分析系统，并利用系统数据库进行趋势分析和组织决策。

下面举例说明维修差错判断辅助分析系统应用的基本过程：

（1）事件发生：机组发现燃油量指示错误。

（2）决断分析：在排故过程中，维修人员在油箱内发现了手套、抹布和垃圾，因与维修差错有关，决定进行维修差错判断辅助分析方法调查。

（3）问题调查：调查的依据是许多与维修过程有关的影响因素。①是否遵守公司的程序——在维修过程中将物品带入油箱而没有登记。②物品的颜色——手套、抹布的颜色与油箱内部遗留的是否一样。③有限的空间——是否由于空间狭小，维修人员离开油箱前目视检查所有区域十分困难。④ 工作实践错误——公司为维修人员提供的工作说明与维修手册的说明是否不一样。⑤ 维修人员之间交流沟通不足，交接班时维修人员之间是否没有进行适当的联络。

（4）预防措施：公司制定相关措施，防止类似差错再次发生。① 公司对程序进行修订和改进，要求将带入油箱的设备进行签字认可。② 公司定购与油箱颜色反差大的手套和抹布。③ 公司指定身材矮小的人员完成油箱内的维修工作。④ 公司要求维修人员只使用维修手册。⑤ 公司制定交接班、油箱内工作项目的文件要求。

（5）结果反馈：公司向维修人员提供该事件的调查结果和改进措施。

维修差错判断辅助分析系统全面吸收了人为因素研究的成果，并在系统分析维修差错特性的基础上建立了实用性的剖析维修差错的技术方法，维修差错判断辅助分析方法既能用于维修差错的现场故障调查分析，也能用于维修差错原因的剖析。因此，维修差错判断辅助分析系统对于提高装备的安全性和可靠性，减少维修差错，改善维修效率和效益具有显著的成效，现已广泛应用于世界各国的主要航空公司。

思考题

1. 什么是维修安全系统工程？研究维修安全系统工程有什么意义？
2. 分析事故归因理论的发展脉络，说明每个发展阶段的主要观点。
3. 什么是维修差错？维修差错和人为差错有何区别？
4. 墨菲定律的含义是什么？对维修差错预防带来了什么启示？
5. 解释 Reason 模型，说明 Reason 模型对空管维修安全与事故预防的指导意义。
6. 根据人的认知可靠性模型可将人的行为分为哪三类？人的认知可靠性模型对空管维修安全与事故预防有什么指导意义？
7. 说明开展事故及差错预防工作应遵循的四条基本准则。

参考文献

[1] 郑东良. 航空维修理论[M]. 北京：国防工业出版社，2007.

[2] 段学刚. 航空电子装备维修概论[M]. 北京：国防工业出版社，2010.

[3] 左洪福，蔡杲，吴昊，等. 航空维修工程学[M]. 北京：科学出版社，2011.

[4] 李瑞迁，等. 空军航空机务学[M]. 北京：国防大学出版社，2005.

[5] 陈学楚. 现代维修理论[M]. 北京：国防工业出版社，2003.

[6] 顾德均. 航空电子装备维修理论与技术[M]. 北京：国防工业出版社，2001.

[7] 陈梓城. 电子设备维修技术[M]. 北京：机械工业出版社，2008.

[8] 张凤鸣，等. 航空装备科学维修导论[M]. 北京：国防工业出版社，2006.

[9] 甘茂治，等. 军用装备维修工程学[M]. 北京：国防工业出版社，2005.

[10] 臧和发，等. 航空电子装备维修技能[M]. 北京：北京航空航天大学出版社，2014.

[11] 徐超群，等. 航空维修管理[M]. 北京：中国民航出版社，2012.

[12] 胡天军，等. 系统工程[M]. 北京：清华大学出版社；北京交通大学出版社，2005.

[13] 付尧明，等. 民航维修管理基础[M]. 北京：中国民航出版社，2015.

[14] 王朕，等. 电子设备故障诊断与维修技术[M]. 北京：北京航空航天大学出版社，2018.

[15] 么娆. 航空器可靠性工程[M]. 北京：国防工业出版社，2017.

[16] 宋述芳，等. 可靠性工程基础[M]. 西安：西北工业大学出版社，2018.

[17] 李子冀. 民用航空电信人员现状分析[J]. 空中交通管理，2009（1）：2.

[18] 李子冀. 民用航空电信人员管理及发展思路探析[J]. 空中交通管理，2009（3）：3.

[19] 张海军，等. 民航视情维修决策优化模型发展[J]. 中国工程科学，2005，7（11）：4.

[20] 可靠性维修性保障性术语：GJB 451A—2005[S]. 中国人民解放军总装备部，2005.

[21] 修理级别分析：GJB 2961—97[S]. 国防科学技术工业委员会，1997.

[22] 故障模式、影响及危害性分析指南：GJB/Z 1391—2006[S]. 中国人民解放军总装备部，2006.

[23] 装备以可靠性为中心的维修分析：GJB 1378A—2007[S]. 中国人民解放军总装备部，2007.

[24] 系统可靠性分析技术 失效模式和影响分析（FMEA）程序：GB/T 7826—2012/IEC 60812：2006[S]. 中国国家标准化管理委员会，2012.

[25] 飞机、发动机及设备以可靠性为中心的维修大纲的制定：HB 6211—1989[S]. 航空航天工业部，1989.

[26] 装备维修性工作通用要求：GJB 368B—2009[S]. 中国人民解放军总装备部，2009.

[27] 装备综合保障通用要求实施指南：GJB 3872—2001[S]. 总装备技术基础管理中心，2001.

[28] 中国民用航空局.2019 年民航行业发展统计公报[R/OL]. http://www.caac.gov.cn/XXGK/XXGK/TJSJ/202006/t20200605_202977.html.

[29] 民航局空管行业管理办公室. 民航空管专业人员队伍建设情况报告（2011—2020 年）[R/OL].http://www.caac.gov.cn/XXGK/XXGK/ZFGW/202111/t20211111_210106.html.

[30] American Bureau of Shipping. Guidance Notes on Reliability-centered Maintenance[S]. 2004.

[31] ANDERSON R T, et al. Reliability-Centered Maintenance: Management and Engineering Methods[M]. London: Elsevier, 1990.

[32] SMITH A M. Reliability-Centered Maintenance[M]. New York: McGraw-Hill, 1993.

[33] MOUBRAY J. Reliability-Centered Maintenance[M]. Oxford: Butterworth-Heineman, 1997.

[34] DHILLON B S. Engineering maintenance: a modern approach[M]. Boca Raton FL: CRC Press LLC, 2002.

参考文献